梅野 勉
Tsutomu Umeno

私の履歴書

クルマと雪と日本刀

新潮社
図書編集室

○クルマと雪と日本刀

筆者近影

白馬八方尾根リーゼンスラローム大会にて（2022年）

富士スピードウェイにて（2007年）

○生い立ち

北穂高岳山頂にて、背景は前穂高岳（1967年）

夜叉神峠にて、背景は北岳（1960年）

交換留学先のスタンフォード大学にて（1973年）

父母と（1955年）

○1976～1980年代　ホンダ時代

出直した出張で河島社長とパートナー、インドネシア、アストラ・インターナショナル本社を訪問
　カバン持ちと通訳を務めた（隣はアストラのチア会長）（1977年）

本田技研の二代目社長河島喜好氏と東南アジア訪問途上羽田で飛行機事故に遭遇（1977年）

ホンダ本社勤務の役得：社用の「ナナハン」に親しむ

ホンダ三代目社長久米是志氏の秘書として4年間仕えた

○1980～1990年代　ホンダ海外駐在時代

米国市場輸入車ナンバーワンを目指して（１９８３年）

アメリカ駐在中住んでいたロスアンジェルス郊外ランチョ・パロス・ヴェルデスの自宅で長男圭太郎、長女真紀子、そして現地の友人夫妻と（1984年）

オーストラリア・メルボルン駐在時代、サー・ジャック・ブラバム氏と（１９９６年頃）

ホンダ・オーストラリア傘下の優秀ディーラーの表彰式で（1996年頃）

ホンダ四代目社長川本信彦氏とF1のレジェンドレーサー：サー・ジャック・ブラバム氏と（1997年）

○2000年～フォルクスワーゲン時代　仕事の縁

直属の上司だったフォルクスワーゲングループ（Volkswagen AG）ナンバー２のビュッヘルホッファー博士夫妻と（2005年頃）

海外では各イベントに夫婦で参加

故梁瀬次郎氏の葬儀で弔辞を捧げた（左から筆者、中曽根元首相、河野洋平衆議院議長、麻生太郎氏、山東昭子参議院副議長）（2008年）

憧れのスキーヤー、クリスティィーナ・フォン・ディットフルト氏（中央）と前列左はHTM（現HEAD Japan）の小池社長、右は関口千人社長（現）　後列右はHTMの高橋秀典元日本代表デモンストレーター

○オフタイム

自宅での剣術型稽古
(2003年頃)

日本を代表する研師藤代興里師に研ぎ上げてもらった愛刀と（2020年）

白馬八方尾根リーゼンスラローム大会に参加（2022年）

デモンストレーターの世界チャンピオン本間綾美氏とオリンピアン平澤岳氏と滑る著者（「カーグラフィック」2007年４月号より）

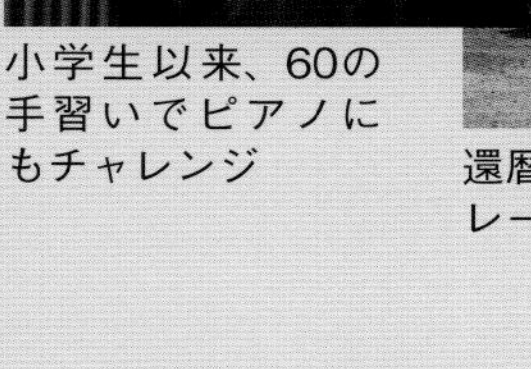

小学生以来、60の手習いでピアノにもチャレンジ

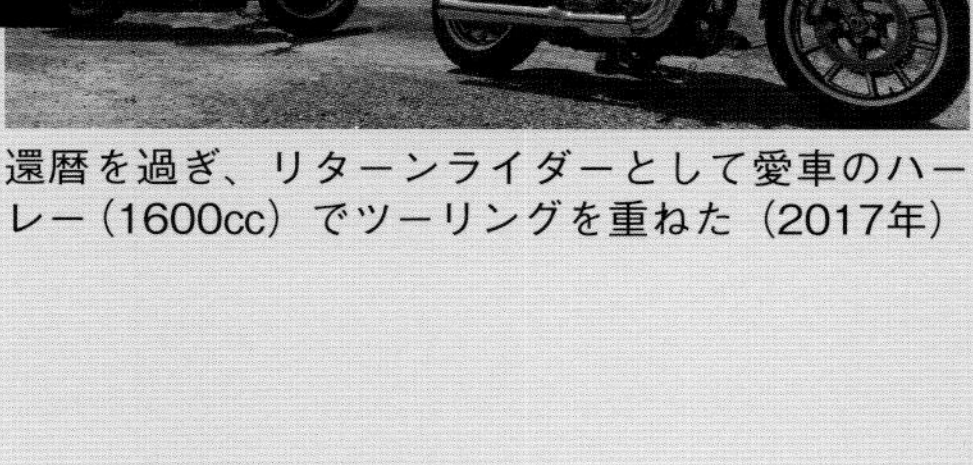

還暦を過ぎ、リターンライダーとして愛車のハーレー（1600cc）でツーリングを重ねた（2017年）

○伴侶との出会い

高橋悦子と結婚（1979年）

北岳にて交際中の高橋悦子と
（1977年頃）

日光光徳牧場にて（1979年）

車山高原スキー場にて
（1980年）

千葉御宿の海岸にて（1976年頃）

○家族との時間

男の子の孫二人（幸士郎・英士郎）と愛刀を前に（2018年）

孫の幸士郎とポールレッスンに励む（2022年）

自宅での家族の集い、孫娘（菜未）が増えた（2021年）

家族写真（勉・悦子・圭太郎・真紀子）（1988年）

目次

装丁　大森賀津也

クルマと雪と日本刀

私の履歴書

第1回　「クルマと雪と日本刀」……海外雄飛と内なる国際化を志す

夜空に広がる星空と宇宙の神秘に心奪われ、天文とＳＦの世界に浸っていた少年時代。遠い未来である二〇〇一年の世界を想像した時に、自分は五十歳の「老人」になっているのだと気づくと、それは夢の中だけの世界に思えた。二〇二一年、私は七十歳になり、空想した未来の時間を大きく超えて生きている。かつての天文少年は自動車産業に身を投じ、日本のホンダと欧州のフォルクスワーゲンで誠に変化に富んだ現役生活を過ごしたのである。

時代の勢いを味方に、日本メーカーの海外進出最前線であった米国やアジアでのチャレンジを自らの海外雄飛の夢に重ねることができた前半生。そして後半生は閉鎖的とされていた日本市場を真に開く、いわば内なる国際化を自らのミッションとした。双方向での日本の国際化に尽力できたことは実に幸運な仕事人生だったと振り返る。

私は熱くなりやすい性格のようで、天文の次には登山に明け暮れる中学高校時代を過ごした。一九六七年、北アルプスで十一名の命を奪った標高三千メートルの山上での雷を体験し命の儚さを実感すると、本格的登山とはその後距離を置くことになる。

一九六九年東大入試の中止は官僚を目指していた私にとって大きな衝撃であり、人生の転機となった。結果として私学に進学して「バリケードの中の青春」を経験し、挫折した。その後ベトナム戦争やウォーターゲート事件に揺れる激動のアメリカを、交換留学生として肌で感じた経験は得難いものだった。

社会に出て、東南アジアでの分不相応なエグゼクティブ生活を経て、一九七六年本田技研工業株式会社（以下ホンダ）に中途入社した。米国ホンダ史上初のヒラ四輪担当駐在員として米国本格進出の立案をはじめ、四半世紀にわたって海外・国内の営業、戦略企画、社長会長秘書、商品開発、海外現地法人社長など、様々な仕事をすることとなる。飛行機事故に遭遇し九死に一生を得たり、本田宗一郎はじめ、歴代の社長、先輩、同僚、取引先との素敵な思

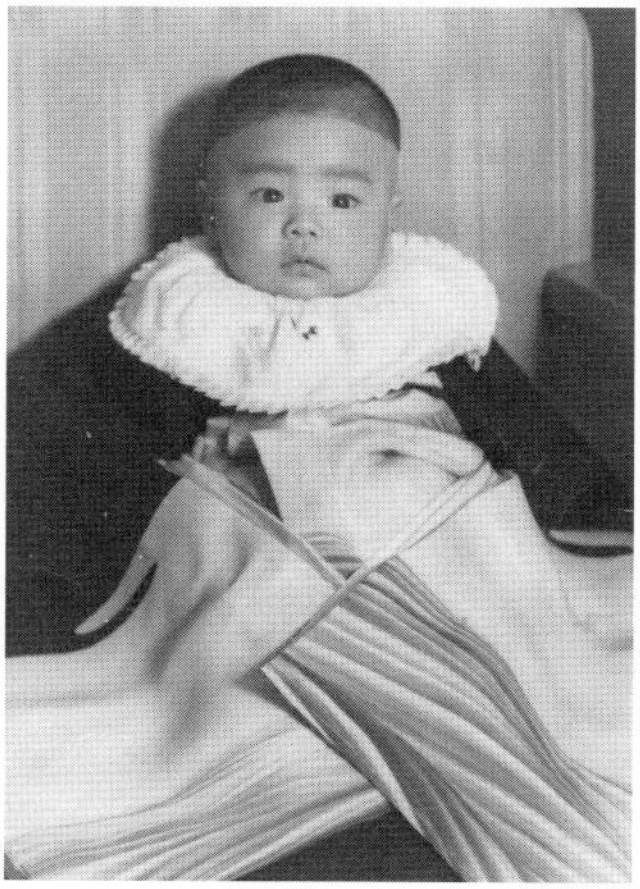
1951年3月6日
新宿区筑土八幡町の自宅３畳間で誕生

フォルクスワーゲン時代の著者

い出が一杯に詰まっている。私にとってホンダは、素晴らしい会社であった。若くして大きな仕事に恵まれ、夢に基づく目標を定め、思いを込めて仕事をする楽しさを学べたからだ。

そして五十歳の折に縁あってドイツのフォルクスワーゲンＡＧに移り、異文化の中で自動車への情熱を共有する楽しさとともに、今度は日本市場で影響力を持つ輸入車ブランドを目指して仕事をした。八つのブランドを擁し世界一の企業規模を誇る同社で、非欧米人でただ一人、本社グループトップマネジメントの一員としてグローバルな経営判断にも加わった。

国内では、外国法人代表ながら日本自動車輸入組合の理事長として、外国本社の方を向くのではなく、日本のお客様と社会第一を掲げて内外への発信と政策提言等を行なった。

こうしてエキサイティングな自動車ビジネスを誠に広い分野と舞台で味わい、二〇〇八年末にカーガイとしての現役を卒業した。その後は英国系広告代理店のパートナーとして七年間大好きな広告宣伝に携わったり、自動車部品メーカーなど複数の上場企業の社外取締役を務めたりしながら現在に至っている。

一方で日本刀を愛で、スキーやバイクを楽しむ充実した趣味人生を送ってきた。古希を越えた今、彩り豊かな人生と素敵な人々との出会いと交流を、感謝を込めて振り返ってみたい。

第2回　江戸の香りの残る街……四世代の家族と二組の両親

「コケコッコー」
勢いよく時を告げる雄鶏の声で目を覚ますと、まだ暗い天井とほんのり青い障子が浮かび上がる。鶏小屋には数十羽の鶏がいた。鳩小屋もあり、ウサギもいれば大型犬や何匹もの猫が我が物顔に庭を走り回る。旧江戸城外堀から徒歩五分ほどの地とは思えない、私が幼い頃の生家の様子である。

明治五年（一八七二年）生まれの曽祖父夫妻が事業を営んできた牛込筑土八幡町は、まだ江戸情緒が豊かに残る花街神楽坂に隣接したのんびりした街だった。

一九五一年三月にその母家の三畳間で私は生まれた。妹二人を加え三人兄弟の長男である。生家の広い敷地内には八十歳を超えた曽祖父はじめ、祖父母、父母が住み、近隣には財閥企業の元トップだった大叔父や伯父、叔父、叔母達の家族など一族、そして住み込みの従業員や女中さん達（お手伝いさんのこと、当時はそう呼んでいた）が住んでいた。毎晩のように親戚の誰かが来て集い、夜遅くまで謡や仕舞に興じているような大時代な生活の様子を記憶している。

曽祖父は畳表を主とした畳材や鞄、袋物などを商って明治から昭和にかけて一代で事業を大きくした成功者だった。その曽祖父を頼って故郷の近江八幡市から上京した一族の面倒をよくみて、彼らは皆成功を収めたと聞いている。そんな商家の二代目が祖父で、その次男が私の父である。私は、子供のできなかった長男夫婦の養子となり、本家の嫡男として育てられた。

実父は子に極力干渉しないいわゆる「捨て育て」を標榜していた。病気がちだった私は、幼稚園に入る頃から養父母となった伯父夫婦のもとで暮らした。クラシック音楽や油絵に囲まれた環境の中、夜に実母を思い枕を涙で濡らしつつ、養父母を「お父さん、お母さん」と呼び、実父母を「パパ、ママ」と呼んだ。

もの心ついた頃から、毎夏借り上げていた千葉県大貫海岸の民家で過ごした記憶がある。どちらの両親とも離れて、六歳半上の従兄とともに祖母と住み込みの女中さんに預けられて夏を過ごしたのだ。朝夕の美しい海や裸電球に縁どられた哀愁漂う夜の桟橋が遠い記憶に残っている。幼い私にとって、どちらの両親とも会えずに過ごす夏はとても長く感じた。

そして、その頃から私はあまり感情を露わにしない子供になった。

大正九年（一九二〇年）生まれの養父（以下父）は実家の事業が好調な時期に育ち、慶應義塾大学の気賀健三教授の一番弟子として経済学を志しつつ、文学とクラシック音楽の造詣が深い教養人、詩人であった。

戦後間もなく結核を患い鎌倉の別宅で生活していたが、実家の事業が火の車になっていることに気づき、東京に戻った。三代目として家業に専念、ほぼ全ての財産を売り払いながらも危機を乗り越え、事業の縮小均衡をやり遂げた。

初志を貫き学究の道に進んでも立派な業績を残したと思うが、今日自分があるのは父がその道を諦め、家族を離散の危機から救ってくれたお蔭と感謝している。そして七十三歳で亡くなるまでの読書量、幅広い教養の豊かさを私は畏敬している。フランス音楽のＳＰレコードのコレクションは、フランス本国の研究者たちが調査に訪れるほど世界的に貴重なものであった。

養母（以下母）は父と知り合った頃は中野の屋敷に住む令嬢風だったようだが、生まれは日本橋のど真ん中にある酒屋の娘で、チャキチャキの江戸っ子だった。三世代、やがて四世代が暮らす舅、姑、小姑だらけの商家に嫁入りしたのだから、気が弱くてはやっていられない。さっぱりして我慢強く、でもいざとなると言うべきことをはっきり言う誇り高い女性だった。

江戸っ子の歯切れの良い啖呵とまだ関西弁の残る姑との激しいやりとりに身の縮む思いをした幼い日々を思いだす。明治大正昭和の四世代が一緒に暮らす大家族の生活は、核家族ばかりの今となっては古い日本の暮らしそのものだった。

私の職業となったクルマとの幼少期の縁にも触れておきたい。祖父の自慢は、大正時代に自家用車を購入したところ、東京の発行番号ヒトケタの免許証を簡単に入手することができ運転を楽しんだというものであった。父は私の生まれる前から戦前のデザインである一九四七年式のシルクハットのような形のダットサン（現日産）の乗用車に乗っていて、私もこれはよく覚えている。朱色のウィンカーが横に飛び出す形式で、エンストすると父は車体の前に回ってクランクを回してエンジンを始動したりしていた。記憶にはないが大久保通りの右

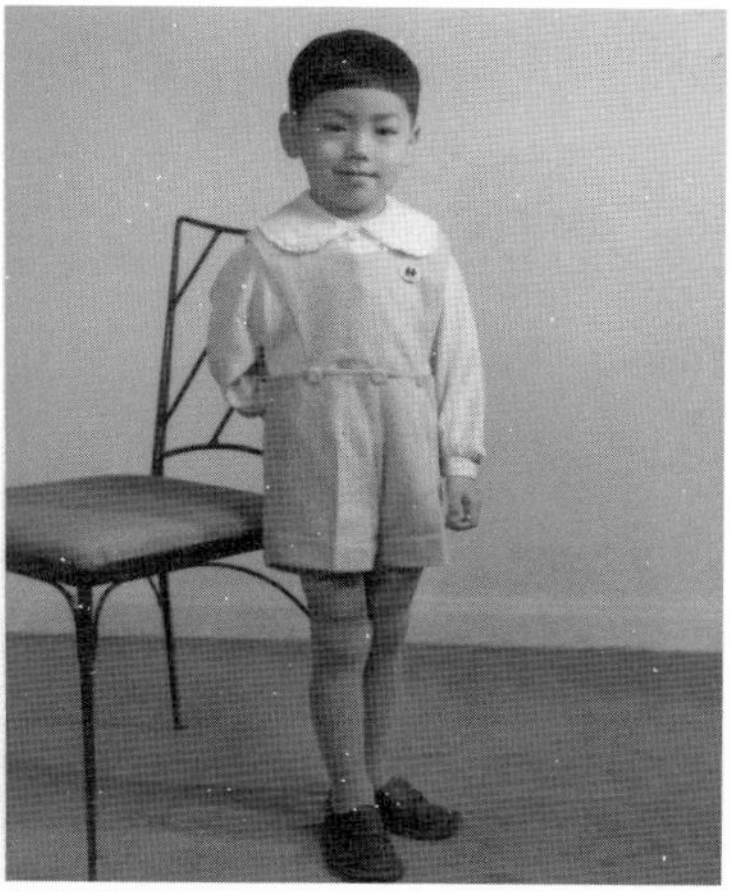

大和郷幼稚園入園（1955年）

二組の両親と妹の幸江と生家の庭で（1956年）

曲がりコーナーを走行中に、ドアが開いてしまって、助手席にいた二歳の私が道路に転げ落ちてしまったという逸話もある。幸い冬で厚着のおかげで無傷だったとのことだ。神楽坂の急坂（当時はそう感じた）を喘ぐように登坂する様子も覚えている。商用には比較的新しいダットサンのワゴンを使っていて、そちらは「新車」と呼ばれていた。

その後の事業縮小期にはこのクルマをはじめとした商用車ばかり乗り継いで、私の学生時代にトヨタコロナハードトップの中古車を購入するまで乗用車とは縁がなくなってしまった。一九六〇年代にモータリゼーションの熱狂が始まる中、モーターショーで華やかにデビューする国産乗用車に憧れつつ、内心寂しい思いをする少年時代を過ごした。

一方、アメリカ車との出会いは鮮烈だった。小学校低学年の頃学校の帰りに東大前で都電を待っていると、平べったい大きなボートのようなクルマが走ってきた。明るい色の車体はキラキラと輝くモールに縁どられていた。今にも空に舞い上がるのではないかと感じる飛行機の翼のようなテールに目を瞠った。

また当時の国産車が遠くから大きな騒音を立てながら走るのに比べて、大きな車体がシュルシュルとほとんど音もなく近づき走り去る様はまるで異次元の乗り物を見たような衝撃だった。クルマが消えるまで目で追い、しばらく呆然としていた記憶がある。その後こうした別世界の乗り物を作りだすアメリカ文化に対する憧憬を育むきっかけとなった出来事だった。

第３回　クラス替えのない六年間……級友は多士済々の卵たち

四歳になり、都電で四十分ほどかけて六義園近くの大和郷幼稚園に通った。美智子上皇后陛下が卒園された古い幼稚園である。早生まれだった私は通うのに近所に住む同級生の女の子たちにエスコートしてもらった。この大らかな幼稚園時代の同級生とは今に至るまで仲良くしている友人が何人もいる。

その後、東大農学部前にあった東京学芸大学附属追分小学校（後に小金井に移転、生徒は附属竹早小学校に編入）に入学した。六年間担任することとなる腰山太刀男先生と強い絆で結ばれるクラスメイト達と出会った。ナノ医療の先駆者で今やノーベル賞有力候補の東大名誉教授の片岡一則君、囲碁の宇宙流で若くして名を馳せた元本因坊・名人の武宮正樹君、興銀で活躍した田中克司君、精神科の名医である楢林理一郎君、熱血の弁護士青田容君、ＩＨＩで活躍した福岡博重君をはじめ、各分野のユニークな人材を輩出したクラスである。

国立の附属小学校ゆえの実験だったのだろう、六年間クラス替えがなく担任も変わらないという希な環境だった。

結果として級友同士の結束は強く、卒業後六十年近く経つ今も「六年二組の会」と称し、クラス会らしき集いが年に一度ならず開催される。個別グループの集まりや各種イベントの案内も数えきれない。

秋田出身の腰山太刀男先生はさっぱりして人間味溢れ、厳しさも併せ持つ先生だった。サッカーが得意で、体育の指導は特に熱いものがあった。小学生のサッカーが珍しい時代、近くの教育大学附属小学校とのサッカー対抗戦を小学生日本一決定戦と勝手に称していたが、囲碁の武宮君はここでもスター選手だった。

高学年になるとクラスをグループ分けして、学業、雑学、スポーツ、善行等、各分野で日常的にポイント制で競わせた。児童各自はそれぞれの得意分野でグループに貢献したり、悪行で足を引っ張ったりする。いわばゲームのような仕掛けである。チームワークや個の貢献を学ぶ素晴らしいアイデアだったと感心している。片岡君と私は授業中のおしゃべりの常習犯でチームの足を引っ張り、一方でユニークな雑学の知識でポイントを稼いだ。

私は低学年時代引っ込み思案だったが、小さなガリ版刷りの私製時事新聞「ケロッポ新聞」を発行してクラスで配ったり、図書室が大好きな小学生だった。

北岳をバックに叔父の瀬川和汪と叔母の佳子と（1959年）

学芸大学附属追分小学校のクラスメイトと(1960年)
（前列右端が囲碁元本因坊武宮正樹君、３番目が東大名誉教授片岡一則君、一人おいて著者）

一九五九年、小学三年生の頃に母に連れられて行った渋谷の五島プラネタリウムがきっかけで天文少年となった。週末の夜には上野の国立科学博物館の望遠鏡にかじりついた。天文の本を貪り読み、東大の大人向け公開講座などに通うほど熱中した。

そして丁度その頃、私は、自分の人生のメンターとなる叔母の婚約者であり叔父となる瀬川和汪に出会った。

米国コロンビア大学留学から帰ったばかりの叔父の土産は当時珍しいアメリカの香りのするものばかりで、暗くした部屋でコダック・エクタクロームのスライドに上映されるニューヨークの街並みや色彩豊かなアメリカの自然、そして叔母と登った山の景色などは、私に鮮烈な印象と憧憬を残した。商売で家を空けられない父母に代わって、叔父叔母は私を近郊の山や北アルプス、そしてスキーに毎年連れて行ってくれた。

私の生涯の趣味となった山とスキー、そして米国文化や海外への憧れに火をつけ、やがて進学や仕事の進路に大きな影響を与えたのがこの瀬川叔父であった。

こうして私は小学校高学年になると快活で積極的な性格の子供に変わっていき、一生のつき合いとなる腰山学級のクラスメイトたちとの友情を育んだ。

第４回　のりたまキャプテン……「寝ても覚めても山」の中学生

「のりたまキャプテン、頑張って！」と大人の女性登山者が声をかけてくれた。中学二年生になり山岳部の部長として初の夏山合宿を率い、北アルプス白馬岳で持参のおにぎりにふりかけをかけて食べていた時のことである。

常に人生を楽しんできたと自負する私が、中でも無邪気に一番楽しかったと振り返るのがこの中学校時代だ。

叔父叔母に連れられ小学校時代から北アルプスを登ってきた私は、学芸大学附属竹早中学校入学とともに迷うことなく山岳部に入部した。月に一度の部の山行の全てに参加、個人での山行とスキー行を合わせると、中学校の三年間で五十回ほど山に向かった。学校の休み時間には室内をログハウス風にしつらえた部室に入り浸って山のムードを味わい、定期試験が終わるとその足で神田に向かって、登山用品店で時間をつぶすのが至福の時間だった。

二年生の時に東京オリンピックが開催され大いに刺激を受けた自分は、たまたま体育会委員長に選ばれたことを奇貨として、五輪の熱が冷めぬうちに先生方を説得し、それまで学校になかった陸上競技部を創設した。堂々と学校の体育機器を使わせてもらえる放課後の新しい遊び方を確保したのであった。

穂高岳吊尾根にて（学芸大学附属竹早中学校山岳部のキャプテン時代。背景は北穂高岳と涸沢岳）（1964年）

小学校四年生の時に始めたスキーも、同級生の中には三歳の時からスキー板を履いてきたような猛者が何人もいた。彼らの仲間に加えてもらって中学生だけで上越の中里スキー場に通ってスキーを楽しんだ。

ゲレンデに小さなジャンプ台を作って飛んでみたり、コースのない雪深い尾根に入り込み今でいうバックカントリースキーを味わったりした。ザイルで身体を結び合いながら急斜面に雪洞を掘って遊んだ。地元の「土地ん

八方尾根スキー場にて（1965年）

中里スキー場にて雪洞を掘って遊ぶ（1965年）

子」達と張り合ってスピード競争もやった。

仲間の同級生達は後に高校大学でスキー選手となり、海外にまでその活躍の場を広げた。大石誠君や野間裕史君たちだ。彼らとは今でも一緒に滑り、昨シーズンは日本一の草大会、『白馬八方尾根リーゼンスラローム大会』に皆で参加し、全員立派に完走した。

さて、この時代に自分の海外志向も一気に強まった。ひとつは海外のアルプスやヒマラヤに対する憧れゆえ、もうひとつは私の人生のメンターとなった叔父の影響でアメリカ文化への憧憬が深まったからである。

ニューヨーク仕込みの叔父の英語や長身にスーツ、ダブルカフのオーダーシャツにカフリンクを合わせたビジネスマンぶりがなんともスマートで、眩しかった。その影響で私も爾来ビジネススーツには必ずダブルカフシャツとカフリンクで通してきた。

興味を持つと怖いものはない。英語はよく勉強した。学校前の本屋で直輸入の原書や雑誌を買うのが楽しみとなった。ただこれには落ちがあり、クラスの女子が「梅野君の買った雑誌」（米国プレイボーイ誌）を直後に本屋で広げて見たら折込みのピンナップ写真が飛び出てきたため、女生徒たちからはその後しばらく白い目で見られた。

アメリカ文化で言えば、七学年上の従兄の影響で小学生の時から好きだった西部劇や、

『ウエスト・サイド物語』、『サウンド・オブ・ミュージック』、『マイ・フェア・レディ』、『南太平洋』などミュージカル映画を繰り返し観た。レコードも擦り切れんばかりに聴いた。こうして刷り込まれた英語や海外への憧憬は身体の深いところに沁みこんでいった。

第5回　憧れの戸山高校へ進学……俊才達との出会いと自然の教訓

中学時代、もう一つ瀬川叔父から強い影響を受けたのが高校の選択である。今となっては知らぬ人の方が多いだろう。都立高校が学校群制度を導入する一九六七年まで、全国の高校の御三家というのは都立日比谷高校、都立西高校、そして都立戸山高校であって、私立の御三家とは一線を画していた。

いずれも戦前、東京府立中学として発足したナンバースクールで、当時、不動のヒエラルキーを形成していた。私は中学校からは学芸大学附属高校への進学を勧められたものの、敬愛する叔父が戸山出身ということもあり、私立の桐朋、駒場東邦を滑り止めとして憧れの戸山高校を受験し進学した。

戸山の生徒達は主に学区内の公立中学の成績トップの連中で誠に優秀だった。最近出版された同校の卒業五十周年記念誌への元クラスメイトの友人の寄稿を読んだ。入学後初めての試験の答案を返された折、中学校では常に一番だったその友人の点数より、たまたま前に座っていた私の点数がだいぶ高かったことが衝撃だったと書いてくれていた。しかし、それは自分も同様で、やがて上には上があるのだと思い知らされることになる。

教師陣もまた個性豊かで優秀な先生方だった。学期の初めの時限は必ずベトナム戦争と世界情勢などを講義し、教科書を一切使わず、授業中に生徒の頭をぎりぎりと絞る数学の先生。当時最先端の大学レベルの分子生物学を教授してくれた生物の先生。何時突然指名されて締め上げられるかとの怖れと緊張のあまり、身体を硬直させながら授業を受けた、府立四中時代から有名な英文法の名物老先生。受験の神様と称され、黒板に書かれた数式がそのまま受験テクニックとなることで人気の数学の先生。漢文の丸暗記をひたすら強要する漢文の先生など。実にユニークで充実した教育を体験できた。

劔岳にて（背景は長次郎雪渓）（1966年）

こうした授業をともに受ける中で光っていた同級生は、後に各分野で日本を代表して活躍する人材だった。スタンフォード大学の終身教授である山本喜久君は数学に飛び抜けた才能を示して当時から畏敬の的だったし、国交省の局長になった阿部健君は二年生の時の秀才四人組を自称した仲間の一人でオールラウンダーの強力なライバルだった。後年立派な医師・研究者になった阿川千一郎君、足立昭夫君を含めて、私以外の三人のメンバーは皆後年東大法学部と医学部に進学した。私と前後してホンダに就職し、研究所でF1（フォーミュラ・ワン）の黄金期を支えたエンジン設計の北元徹君もクラスメイトで東大工学部出身だ。官界、学界、企業、医療などの分野で多くの同級生が輝かしいキャリアを誇っている。

高校時代、山には登り続けていたが、学校の部活では山岳班に入らず天文班に入った。

都立戸山高校２年のクラスメイトと（右端は元国交省局長阿部健君）（1967年）

父・幸一、妹・幸江、容子と（1968年）

天文班では当時の機械式の計算機を手で回し、球面三角法を駆使した軌道計算などいきなり高度な課題で青息吐息だった。一方で、満天の星の下、初めて組織的、本格的な天体観測を経験することができたことは本当に嬉しく良い思い出だ。

高校二年の夏休み、叔父とともに北アルプスの北の立山から南の槍穂高まで一週間かけて縦走した時のこと、忘れられない出来事が起こった。快晴の夏空とともに早朝に槍ヶ岳に登頂し、穂高への標高三千メートルの岩稜の縦走にかかった昼頃、谷側からガスが一気に吹き上がり、強烈な雷鳴と稲妻が同時に、そして四方八方に走り始めた。

下方や側方からの雷撃を感じることは初めてで、その恐ろしさは筆舌に尽くし難かった。身を隠す岩陰もない痩尾根で、身を抱えて雷のいくらか収まるのを待ってから、雹の降る中を走り続けて南岳の避難小屋に逃げ込んだ。

翌朝、前日の落雷で西穂高で十一名の高校生が亡くなったと聞いて衝撃を受けた。穂高を越え二日ほど後に上高地に下りた時、ヘリで次々と運ばれるその遺体に遭遇した。

同じ雷雲の中、この遺体袋に自分が入っていても全くおかしくないということに気づいて、大自然への畏怖の念を新たにした。思えばこの時を境に私はヒマラヤを目指す本格登山から距離を置くようになった。

第6回　バリケードの中の青春……全共闘とヒッピー文化に傾倒

一九六九年一月。テレビに映る東大安田講堂を覆う火炎瓶の炎と放水、籠城して闘う赤や白のヘルメットの学生達。自宅からも放水用の水タンクをぶら下げて講堂上空を舞うヘリコプターが望めた。史上初めての東大入試中止。私が信じていたものが、音を立てて崩れ去った瞬間だった。翌年には東大そのものの存在がなくなっているのだろうと本気で思った。

男子生徒の三人に一人が東大に入学する高校で、私も人に負けじと勉強もし、「官僚になって世界と闘う日本に貢献するのだ」という強い志を持った。それゆえ東大以外の大学は自分には関係がないのだと思うようになっていた私は呆然自失し、どうしたら良いのか本当にわからなくなった。助け舟を出してくれたのが父だった。父の恩師である慶應大学教授・気賀健三氏を通して、一族に出身者が多い慶應大学を受験だけでもと強く勧められた。受験して経済学部に合格したものの、気は晴れないままだった。大学生の身分を確保してゆっくり考えたら良いと言ってくれた父の言葉に甘えつつ、一方で予備校に通う手続きも進めた。不安な春だった。

「安保粉砕・闘争勝利！」

「ベトナム戦争反対・沖縄を返せ！」

このような掛け声が響く中、参加していた穏健なデモの隊列に機動隊が警棒を振りかざして襲いかかり、私の目の前で多くの学生が頭から血を流す惨状となった。

東大安田講堂攻防戦（1969年1月）
写真提供：朝日新聞社／PPS通信社

大学の雰囲気を味わいに行ったキャンパスでたまたま勧誘された沖縄反戦デーのデモに参加した一九六九年四月二八日のことである。この鮮烈な出来事をきっかけに、長い間傍観者として溜めこんだ行動への欲求に火がついた。

入学手続き後も予備校と二股をかけていた私は慶應大学に在学することを決意した。学校がバリケードで封鎖され授業もなくなっていくにつれて、自分はバリケードの中に向かった。およそ半年の間濃密な学生運動に参加した。戦時将校なみに幹部に駆け上がったものの、学生同士の争い、

UCLA夏季講座からの帰路ワイキキ海岸にて（1972年）

11万円で友人から譲ってもらったホンダS800と長髪の著者　ホンダとの運命的な出会いだった（1972年）

内ゲバに愛想をつかして挫折。その年度は大学を休学した。

一九七〇年の新学期には復学し、安保改定まで穏健な抗議活動にかかわったが、その後は学習意欲も部活動への意欲も低いまま、平々凡々な学生生活に戻ろうとしていた。復学後、そんな私に大いなる刺激を与えてくれたのは新しいクラスメイトだった。高校時代に海外留学し、当時アメリカを起点として拡大したヒッピー文化やウーマンリブの世界的な潮流を、ファッションに加えて行動や発言で大胆に体現するこれまで会ったことのないタイプの女性だった。

早速仲の良い友人にはなったが、議論をすればお互い譲らず、いい加減なことを言えば容赦のない反撃に遭う緊張感のある関係だった。ただ内向きで厭世的になりがちだった私の視野にふたたび世界の同世代の若者の動向や海外の風物が入るようになった。

フォークやロック、そしてモダンジャズに浸り、映画『イージー・ライダー』やホンダのスーパーバイクＣＢ７５０に衝撃を受けて自動二輪免許を取得し、３５０ＣＣの中古バイクを購入した。二年ほどツーリングなどを楽しんだ。その後たまたま友人が手放すというホンダのオープンスポーツカーＳ８００を譲ってもらったのが、今思えばホンダとの縁の始まりだった。一方で学業には身の入らない学生生活も後半を迎えていた。

第7回　眩しかったアメリカ体験……スタンフォードで刺激を受ける

背の高いブロンドの学生が私に話しかけてくるが、さて何と言っているのかさっぱりわからない。到着したばかりのＵＣＬＡの学生寮の食堂でのことだ。受験勉強ではバートランド・ラッセルの難解な英文和訳をこなした。米文学の原書や、少年時代からアメリカ映画や音楽を通じ親しんだはずの英語の、たった一言がわからないというのはショックだった。

一九七二年大学三年の夏、新聞社が企画した夏季短期留学での体験である。その後学生達との交流や講義などでの英語漬けで、数週間後には堰を切ったように英語が口から溢れでるようになり、初対面の米人に日系米人学生かと間違えられるほどになった。幼い頃から憧れた米国、それも明るい太陽の下、映画やテレビで何かと馴染みの深い西海岸の風物と、すれ違う他人同士が笑顔で挨拶を交わす環境にいることだけでも心奪われる体験だった。

これに味をしめ、帰国早々学内の海外大学への交換留学生の募集に、私はスタンフォード大学を選んで応募した。本来は一年間、単位の交換まで認められる制度だったのだが、あいにく授業料値上げストの影響で、一学期間のみで単位交換は認められない年だった。それでもＵＣＬＡの体験から日をおかずに再度訪米できることに興奮した。

現地で私のホストファミリーになってくれたのはパロアルトのプール付きの家に住むミセス・ドイという寡婦で子供が二人いる家庭だった。

第二次大戦中の日系人収容所も経験した彼女からは、日系人の歴史と意識、そして差別に苦しみながらも血と汗で手に入れた誇り高い立ち位置とそれを支える自己規範など、多くを学んだ。そして何かが「できる」ということについての厳しい見方や、発言と行動に求められる真剣勝負の姿勢など、人種のるつぼの社会で勝ち抜いてきた女性の生き様に感銘を受けた。

ヨットの浮かぶ湖まである広大で緑豊かなスタンフォード大学のキャンパスはＵＣＬＡやＵＣバークレーと違った開放感がある。バックパックを背負って自転車で通学、そしてあちこちに点在する教室間を移動するのは最高に気持ち良かった。

学期の途中で男女がフロアで分かれているだけの学生寮に移ると友人の輪が一気に広が

った。そしてこの学校での暗黙の了解事項を思い知らされた。スタンフォードの学生達にとって、寮のラウンジでピアノを弾くのはコンクール出場やジャズピアノで稼げるほどの腕前を披露することなのだ。外国語ができるということは三、四か国語がネイティブ並みに話せることであり、勉強ができるということは十五、六歳でこの大学の寮にいるということだった。

私は何をやっても中途半端で、いかに何もできないかを思い知った。そこは学業、スポーツ、芸術、何か一芸、それも全米または世界レベルで秀でている学生達が集まる所だったのだ。そして日本の受験生を上回るすさまじい勉強量にも感心した。

ルームメイトの学生は私がさっさと寝た後も毎晩夜中の一時、二時まで机にかじりついて勉強していた。そして期末試験が終わる日には、「今晩はガールフレンドが来るから、夕方から数時間部屋に戻らないでくれ」と言うのだ。夜遅く部屋に帰り、すやすやと仲良く並んで寝息をたてている二人を起こさないように、そっと二段ベッドの上段に登ることになった。スタンフォードの学生の切り替えの早さに舌を巻いたのだった。

学期が終わり、仲の良い友人たちと交代で昼夜運転し、片道丸二日と数時間。丁度一週間でニューヨーク迄の大陸横断往復旅行（約一万キロ）したことも懐かしい思い出だ。そ

広大なスタンフォード大学構内は自転車でないと回り切れない（1973年）

スタンフォードの友人達に誘われてニューヨークまでノンストップ大陸横断往復旅行（片道51時間ほどでNY滞在2日半、全行程で１週間）（1973年）

現在はアメリカを代表する弁護士になっているケントン・キング君とそのファミリー

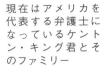

の経験をしてはじめて、学期中に感心した「片道四百キロ、五時間かけて行くレイク・タホーでの週末スキー」などは彼ら学生にとって朝飯前だったことが理解できた。

また同じドーミトリー（学生寮）で出会い、その後今日まで親友として交遊が続くケントン・キング君との出会いも一生の宝となった。彼はその後日本への留学、大手商社への就職を経て日本人女性と結婚した。私が米国駐在時には帰国してUCバークレーのロースクールを経て、連邦最高裁の書記から法曹のキャリアを積んだ。現在は米国トップを争う巨大法律事務所スキャデン・アープス・スレート・マー・アンド・フロムLLPの代表となり、米国で最も成功した弁護士の一人となっている。私の外資系会社への転職時や離職時には本当に頼もしく、お世話になった。

この交換留学は、古き良き時代が終わりを告げ、ベトナム戦争とウォーターゲート事件に揺れるアメリカを肌で感じ、その後天才たちの活躍で躍進することになるシリコンバレーの秘密を垣間見ることができた貴重な体験だった。

第8回　頼み込んでフィリピンへ……異国のヤンエグ生活を体験する

スタンフォードで過ごしていた後半は大学四年生の前期に当たり、実は就職活動の時期だった。ただ自分は就職活動をする気にならず、クラスメイト達から就職はどうするのかと心配する声が届いていた。官僚になる目標が消えてから将来どんな職業で生きていくのか真面目に考えたことがなかったのだ。学友達の就職がおおむね内定した頃に帰国した私は、アメリカで飲食店でもやってみようかと漠然と考えていた。

そんな時に米国ニューヨークの繊維商社の極東事業をオーナーとして経営していた我がメンターの瀬川叔父が、フィリピンの財閥と日本の繊維メーカーとの三社合弁で現地に工場を作り進出すると聞いた。これだ、と膝をたたいて早速叔父に頼み込んで叔父の経営する商社「スパンロ・ファー・イースト」に入れてもらうことになった。両親はがっかりしていたようだが、子供の頃から強い影響を受けてきた叔父の下で仕事ができることが、私は非常に嬉しかった。

社会人１年目、フィリピンの財閥企業の秘書室付き副社長室をあてがわれた（マニラ）（1974年）

出勤前のスナップショット（1974年）
隣人のフィリピンを代表する画家ジャスティン・ヌイーダ氏が撮影し、43年ぶりに愛娘に託してプレゼントしてくれたメッセージ付き写真

一九七四年、大学卒業と同時に大阪の商社で研修を受けた。独身寮に入り通勤を始めたが、初めてスーツを着て通勤電車に乗る自分が奇異ながら、とても新鮮でワクワクして楽しかった。誰に頼まれたわけでもなかったが朝一番にオフィスの皆のデスクの雑巾がけをし、飛び交う大阪弁の商売トークや海外とのやりとりなど、好奇心を満たす刺激を毎日存分に楽しんだ。短い間だったが貿易実務のあらましを詰め込んで、一九七四年夏にマルコス政権戒厳令下のマニラに赴任することになった。

映画『南太平洋』やテレビ番組『兼高かおる世界の旅』で南国に憧れていた私にとって、椰子の木とバナナの葉に縁どられた景色の中にいることは夢のようだった。

合弁の縫製工場は「死の行進」で有名なバターン半島の先端の輸出加工区にあった。営業と輸出入業務を担当する私のオフィスはマニラのパートナー財閥企業の副社長室をあてがわれた。ベッドのように大きなデスクと秘書室付きのオフィスが我が社会生活最初の仕事場となった。

オフィスの屋上からパートナー企業のヘリで日帰り出張（1975年）

縫製工場にはよく通ったが、ジープでは悪路で片道五時間ほどもかかった。そのうちマニラ湾を渡る高速水中翼船が就航し一時間あまりと大変便利になった。さらには会社の屋上から飛びたつパートナー企業のヘリに時々乗せてもらい、分不相応なエグゼクティブ気分を味わった。総合商社の駐在員からは、こんな贅沢をしていては日本で使い物にならなくなるからさっさと帰国させてもらえと言われた。

単身の住まいはマニラ郊外のビレッジでメイドさんとの二人住まい。敷地を同じくするお隣さんはフィリピンを代表する画家のジャスティン・ヌイーダ氏で、親しい交流を経て生涯の友人となった（近年はお嬢さんが日本に遊びに来て一緒にスキーに行ったりしていたが、二〇二二年本人は帰らぬ人となってしまった）。

フィリピンでの新しい友人やオフィスメイト達との食事や離島、高原への旅行など、南国の独身生活は楽しいことばかりだった。ところが、この時既に前年の暮れに起こった第一次石油ショックによる不況の波が米国市場を直撃し、対米輸出を主力ビジネスと想定していた工場の稼働をあっという間に奪った。米国の大手チェーンストアのバイヤーが来ると必死の営業活動に努めたが、受注は渋く、やがてバイヤーも来比しなくなってしまった。

工場の稼働を回復させるにはほど遠い状況が続き、商社駐在員の言葉通り、丁度駐在一年をもって帰国させてもらうことになった。

第9回　石油ショック、ホンダへ……「求む国際ビジネスマン～」に応募

「求む国際ビジネスマン、中堅幹部募集！」。一九七六年本田技研工業の中途採用の新聞広告に躍った文言である。

一九七五年、フィリピンから帰任後、大阪や香港、台湾への出張を重ね商談に励んでいたが、石油ショックの後遺症は長引いており、対米輸出ビジネスは苦戦を強いられた。何より引き合いの件数と規模が激減して、私はあり余るエネルギーと時間を持て余し、会社の役に立っていないという焦りで憂鬱な日々を過ごしていた。

そんな時に目にした、この人材募集広告は私の胸に刺さった。本田宗一郎は私のヒーローだったし、学生時代にホンダＳ８００を愛車とし、ホンダＣＢ７５０に触発されバイクに乗り始めた経緯もあった。そして何より「国際ビジネスマン」というフレーズに魅せられたのである。一も二もなく応募した。

若干名の採用とのことだったが、折からの不況で大手商社の経営破綻もあり、本物の国

六本木にあったスパンロ・ファー・イースト事務所にて

際ビジネスマン達が応募した。書類審査をパスした八百名以上が受験する狭き門だったが、実は実務経験五年以上という応募資格を無視して応募した、実務経験二年の自分が運良く採用されたのだった。

大学卒業とともにいわば押しかける形で就職し、二年半ほどであったがお世話になった瀬川叔父には本当に申し訳ない気持ちだった。しかし石油ショックで縮小した繊維ビジネスと当面の経営環境を考えれば私の貢献は限られるだろう、と私の気持ちを正直に叔父に伝えた。叔父は寂しそうであったが気持ち良く了解してくれて、私は憧れだった恩人のもとを去ることとなった。

ホンダではまず工場実習からはじまった。埼玉県の和光製作所で機械加工のラインに配属され、熟練した従業員が担当していた自動旋盤三台をいきなり担当することとなった。機械と機械の間隔はそれぞれ数メートルで、大型二輪車の大きなギア部品を切削機能の違う自動旋盤で三つの工程に分けて削るのだ。

鈍い暗灰色の鋳造部品がそれぞれの工程で皮を剝かれるようにして銀色に輝く精密部品に仕上がっていく様には目を見張った。ああ、これぞ男の仕事なのだと感激した。自動旋盤といっても、切削する部品を装脱着して切削チップの微妙な位置調整で切削の量を調整する。

オペレーターの仕事は経験と勘を要する繊細なものだった。設定が悪いと切削チップはあっという間に欠けて部品も破損してしまう。さらに組み立てラインのようにベルトで絶え間なく流れてくる仕事をこなすのではなく、それぞれ作業時間の異なる三台の旋盤をどういう順番で組み合わせて回していくかで工程全体の作業効率は随分と変わってくるのだった。パズルのように最適解を求めて機械間の移動の歩幅歩数まで定めていくと作業時間は劇的に短縮され、次工程からは「あまり煽るなよ……」とやんわり苦情を言われるようになった。

ホンダの新人時代、社用のナナハンを借りて新天地ホンダ勤務を楽しんでいた（1978年頃）

切削チップの欠けも、チップの種類と設定を組み合わせて、不具合の種類と頻度のデータを取っていくと改善できた。すると不良率が下がり、品質が改善され、作業効率が劇的に向上した。

最初はドジな新人だと苦い顔だった保繕係も、やがて面白がって「今度はこの新しいチップでテストデータを取ってくれないか」などと一緒に分析を楽しむようになった。ものづくりは工夫と努力を裏切らない誠に面白いものだと感激した。

第10回　三現主義のホンダ……どんな仕事も楽しくて仕方ない

「お前は本社なんかに行くのはもったいない。ここで面倒みてやるから製作所に残る希望を出せ」。工場の現場実習が終わる最後の頃に、部下数百人を束ねる機械加工ラインの課長と直属の係長に呼び出されて真顔で説得された。

思えば自動旋盤三台のオペレーターとして二週間余り経ったある朝、「今日から実習生の腕章を外せ」「新人の実習生をつけるから仕込んでやってくれ」と言われた。これにはびっくりした。よほど見込まれたのかと悪い気はしなかったが、国際ビジネスマン目指してホンダに入ったというのに参ったな、というのが率直な感想だった。

しかし実に面白い会社に入ったものだと嬉しくもなった。こうした経緯から印象に残ったのは、ホンダは創業者本田宗一郎の経営哲学に従い、S（営業）、E（生産）、D（開発）の各部門が等しく並び、それぞれが高いプライドとプロ意識を持って仕事をしている点だ。さらに「現場・現物・現実」の三現主義でSEDの各現場がとても尊重されていることだ

インドネシア四輪パートナーハディ・ブディマン氏と（1977年）

った。

製作所残留の件は丁重にお断りして、私は本社の外国部アジア課に配属され、インドネシアの四輪、汎用機（船外機や発電機）ビジネスの主担当、二輪ビジネスの副担当となった。外国部と聞き、米国や欧州担当を漠然とイメージしていたのだが、インドネシアというのは「何だかなぁ」というのが正直なところだった。

しかしすぐにホンダにとってインドネシアの二輪車ビジネスは既に米国に次ぐ二番目の大きな規模になっていることを知った。そして四輪車も、参入している乗用車市場の規模は小さいながら、主力車のシビックでビジネス拡大の勢いに乗っているとのことで、俄然闘志が湧いてきた。

当時のホンダ外国部は、部長はじめ管理監督者のほとんどが中途採用で総合商社や大手メーカー出身の人材だった。各国や地域の担当者も各々の職歴にプライドを持っている一匹狼といった風情の面々が多く、各自が一国一城の主、あるいは戦闘機乗りのような意識で仕事をしている、誠にユニークな職場だった。

直属の上司は大手繊維メーカー出身で、仕立ての良いスーツや高級時計を身にまとうお洒落な国際ビジネスマンで、「日常業務は皆で良きに計らえ、大事な判断だけは自分に相談しろ」という、今思えば役員クラスの風格で人生を楽しむ個性的な人物だった。

歴史を感じる中部ジャワで　深い文化の襞を持つインドネシアが大好きだった（1978年）

一方で私より五歳ほど上の二輪の主担当だった先輩は、実に冷たく厳しい人で、シゴキにも似た仕事の指導、与え方は後にも先にも経験のない苛烈なものだった。学生時代や今までの小さな職場環境では想像もできなかった他人の冷たさを初めて味わった。

私が主担当となった四輪と汎用機のビジネスは現地パートナーとの関係から総合商社の兼松江商がかんでおり、現地とのやり取りに加えて国内での同社との調整作業が仕事に変化を与えてくれていた。仕事は多忙で朝から晩まで、昼休み以外は同僚に休憩のお茶に誘われても十分間の休憩がかなわないほど働いた。

インドネシアで人気のシビック。乗用車シェアは2位だった（1978年）

現地との調整や商談、そして社内の会議に加えて、気の遠くなる量のノックダウン部品リストの作成や段ボールに詰め込まれた山のような船積書類を「処理」する日々が続いたのだ。しかし前職で仕事がしたくても時間を持て余す辛さと比べれば、山のような仕事があることが楽しく、どんな作業、役務でも、湧き出るような仕事に没頭できることが本当に嬉しかった。

第11回　インドネシアの星……憧れのビジネスマン生活を満喫

本社外国部に配属され、フィリピンの一人駐在時代に憧れた「同僚と帰りに赤提灯で一杯」というサラリーマン生活を満喫し始めて五か月ほど経ったころ、思いもかけない話を上司から言い渡された。

本田宗一郎の後を継いだ河島喜好社長の東南アジア各国歴訪に、カバン持ちとして同行せよというのである。何故入社早々の私が、とびっくりしたが、社長に接し、東南アジア各国をめぐる貴重な機会に期待を膨らませて各国の資料などを即席学習し、準備した。

高まるジェットエンジン音とともに滑走を開始、フワッと機体が浮き上がり離陸したと思った矢先、いきなりエンジン音が消え、大きな衝撃が走った。一九七七年四月、河島社長と搭乗したフィリピン航空マニラ行の便が羽田空港で離陸失敗、墜落したのである。この飛行機事故では、いくつもの幸運が重なって機体は大破したものの発火爆発せず、私たち乗客は全員脱出に成功、奇跡的と言われながら九死に一生を得た。

逃げ惑う乗客と大破した飛行機をバックに河島社長を記念撮影（羽田で離陸失敗するという飛行機事故に遭遇した）（1977年）

一週間後に行程を短くして出直したのだが、社長からは事故発生時の私の行動が冷静で大変良かったと言われて、全行程をファーストクラスの社長の隣の席で各国を回る僥倖に浴すことになった。

後の秘書室勤務もそうだったが、トップの生の声と行動に接し、また各国のビジネスパートナーとの対話に同席することで得られる体験は誠に貴重なものだった。一方帰国便の中で会社の会議体の運営などに遠慮のない意見を言わせてもらった折に、社長から「梅野君、君は入社何年目かね？」と問われた。「半年です」と答えて、社長が言葉を失ったことは、少々苦い部類の思い出となっている。

四年半となるインドネシア担当は、二年ほど経ってから二輪、四輪、汎用機すべてのビジネスの主担当となった。現地代理店であるイモラモーターや同国を代表する財閥のアス

1979年友人の紹介で知り合った大学の同期生である高橋悦子と結婚　スイスのツェルマットにハネムーンスキー

トラグループとの販売ビジネスに加えて、組み立て工場の運営や部品会社設立、現地調達率の向上、技術移転など、実に多彩なビジネス関係を築き経験することができた。

椰子の密林の中の一本道を爆走するシビックの助手席に乗り、一か月間インドネシア各地の販売店を訪問した。また合弁会社設立のリーガルの仕事から、機種開発のコーディネーション、為替、価格交渉など、日々の輸出業務やあらゆる雑務を含めて誠に充実した楽しい日々だった。

ある時、後の大統領となるハビビ科学技術担当大臣に代替燃料のアルコールエ

結婚式に駆けつけてくれたインドネシア二輪パートナーのブディ・セティアダルマ氏（現アストラ・インターナショナル会長）とホンダ岡安健次郎常務（当時）

ンジンを紹介して、大臣はホンダに大いに興味を持たれた。そして日本公式訪問の折には是非とのことで、丸一日ホンダに時間をいただき製作所の現場で歓迎できたことは担当者として誠に光栄だった。

現地の人々と仕事の範囲を超えた親交も深まった一九七九年の秋、私は卒業後に学友の紹介で知り合った大学の同期生である高橋悦子と四年近い交際を経て結婚することになった。

彼女は葛飾区にある日蓮宗の寺院「妙法寺」の住職の長女で、三人の元気のいい弟たちを従えて育ってきた女性だった。底抜けに明るく天真爛漫、表裏のないさっぱりした気性がとても新鮮で心惹かれた。

三年程交際した後、私が大好きだった長野県乗鞍高原でプロポーズした。眺めの良いベンチを見つけ心を決めて婚約指輪を渡したところ、彼女は「何、これ！」とその指輪を地面に放り投げてしまった。

奔放な性格ゆえ、心の準備ができていなかったための素直な反応だったのだろう。指輪を拾いなおし、「急がないからゆっくり考えて」とその場をやり過ごした。

そしてその一年後に結婚式を迎えることになった。

これを知った、後にアストラグループの総帥となるブディ・セティアダルマ氏はじめ仲良くしていた現地パートナーの幹部達がこぞって結婚式への出席を目指して出張してくることになった。結果として彼らの受け入れ役は私一人なので式の前数日は多忙を極めた。そして式の前日に栃木にあるホンダのテストコースでアストラのメンバーがバイクで転倒、大怪我をしてしまった。結婚式の当日の午前一時過ぎまで救急病院の入院手続き、身の回りの買い物や看病をして、ほとんど寝ずに翌朝結婚式を迎えることになったことも懐かしい思い出だ。

私はインドネシアの星を目指す仕事人生もいいなと思い始めていた。

第12回　花のアメホン駐在へ……日米自動車摩擦最前線に参戦

一九八一年初め、ジャカルタ出張中に突然来訪してきた本社の部長からホテルの部屋に呼び出された。私のアメリカホンダ（アメホン）駐在が決まったから速やかに赴任するようにとのことだった。

インドネシアに骨を埋める覚悟ができつつあった私には青天の霹靂だった。急ぎ帰国し、三週間後には、数か月遅れて渡米する家内を残し、その後四年間一度も日本に戻ることのない米国に赴任した。私が三十歳の誕生日を迎えた直後のことだった。

アメリカホンダ本社のあるロスアンゼルスに到着すると、その足でスーパーに立ち寄って単身住まいのアパートでその晩から必要になる寝具や食器などを購入し、翌朝にはワシントンDC行の機中にいた。ロビー活動と情報収集の拠点である創立間もないワシントンDCオフィスとのコーディネーターを仰せつかったからである。風雲急を告げる日米自動車摩擦の、いわば最前線に放り込まれたのだ。

その後一年近く、カリフォルニアの本社を拠点に隔週の頻度で大陸を横断して東海岸のワシントンDCを訪れることとなった。米国の議会の仕組みの勉強から始めて、毎日の情報収集活動、そしてロビーイング等、産業といえば政治だけの街で貴重な経験ができた。議会では多くの聴聞会に出席し、メディアが伝えられない現場の空気と政治の世界ならではの微妙なニュアンスを感じとれることが新鮮だった。

当時ホンダは米国で日本車初の現地生産をオハイオ州で開始すべく準備を始めていた。米国で生産するホンダのクルマが米国車として認められ、日本車に対するバッシングを回避できるかどうかが大きな課題だった。

ホンダの活動と考え方に対する理解を深めてもらうべく議会、政府、メディア関係者に配布した広報冊子“Honda in America”（1981年）

米国社会に正しく理解してもらおうと、一つは冊子を作成してロビー活動に大いに活用した。米国社会に溶け込んできたホンダの歴史を紹介し、現地生産にともなう雇用や納税が米国の社会と経済に貢献すると訴えた。

またもう一つは米国で生産したホンダ

貿易摩擦が風雲急を告げるワシントンＤＣにて、まずは議会の仕組みから勉強した（1981年）

車がどうしたら米国社会で米国製だと認められるか、その根拠を探して政府や議会、世間にアピールすることだった。そこで注目したのが途上国での生産事業で慣れ親しんでいた「現地調達率」である。製品に占める現地の材料価値の比率という概念で、各国政府が厳しく定めたものだった。

しかしこの概念が米国では確立しておらず、連邦政府の購買にかかわる「バイ・アメリカン法」や各州にある公的機関の購買条例などは「米国製」認定の計算根拠が曖昧なものばかりで、行き詰まってしまった。

そこで「輸入品」の定義の計算根拠を逆にひっくり返せば、米国産品の定義になると考えた。探してみると、自動車業界にかかわる

ＮＨＴＳＡ（米国道路交通安全局）とＥＰＡ（米国環境保護庁）が定める企業平均燃費規制で輸入車と認定するための計算根拠があった。

製品の価値と輸入分の価値との比率で極めてシンプルに輸入車を定義していたので、デトロイトの当局にまで押しかけて、「輸入車でなければ米国国産車であるという理解で我々は臨む」と宣言させていただいた。そしてホンダはこの定義に基づく計算を採用して米国生産の現地調達率を発信したため、米国自動車業界でこれが先例となった。

大変僭越ながら米国での現地調達率、そして米国製という概念を再定義させていただいたと自負している。途上国インドネシアの経験がアメリカでのデファクトスタンダード作りにつながったのである。

第13回　オハイオ工場立ち上げ……本田宗一郎とホンダウェイに心酔

ブルドーザーが土煙をあげながら走り回るオハイオ州コロンバス郊外メアリズビルの四輪工場建設現場で、生産現地法人ＨＡＭ（ホンダオブアメリカマニュファクチャリング）幹部達の議論が交わされていた。一九八一年秋のことである。

工場の経営陣は、日本車叩きの急先鋒であったＵＡＷ（全米自動車労働組合）との交渉は一切しないし、新会社のユニフォーム、食堂、駐車場など、工場運営は全て日本式とすると主張した。生意気にも私は「郷に入っては郷に従え」と、米国流をある程度取り入れる必要があるのではないかと反対したが、ＨＡＭの経営陣は頑としてホンダ式の工場運営にこだわった。後に米国人従業員達はユニフォームをはじめとする所謂ホンダウェイによる運営を圧倒的に支持し、ＵＡＷ加盟も否決する結果となった。多くの従業員が会社内ばかりか、通勤の車中でも白いユニフォームを誇らしく着用したのである。私は後年ＨＡＭの経営陣に当時の自分の不明を詫びることとなった。

工場建設も進んだ頃、最高顧問に退いていた本田宗一郎がオハイオに来訪した。市内のレストランで駐在幹部達と和やかに食事をし、氏に気づいたウェイトレスが本当にミスター・ホンダかと疑ったり感動したりしてご機嫌な時間を過ごしていた時である。突然真顔になると、「おい、ところでよー、エンジンはいつから作り始めるんだ?」と問われた。

現地経営陣としてはまずは工場を完成させて、主に組み立て生産を軌道に乗せる算段で

アメリカを訪れた本田宗一郎氏（オヤジさん）と（1982年頃）

ホンダのアメリカに対するコミットメントを告知した企業広告。新聞の全面広告をシリーズで何度も打った（1981年）

一杯一杯。豆鉄砲を食った鳩のような表情になり、一言も発する人がいなくなった。気まずい時間が流れ、いつオヤジさん（社内では宗一郎氏をそう呼んでいた）の癇癪が爆発し雷が落ちるかと皆凍りついていた時だった。私は意を決して、「検討しています。エンジンの現地生産に手をつけなければ米国製の折り紙はつきませんから。次のフェーズで」と答えた。

誰も知らない話だ。別稿で述べるが、丁度私一人で立案中だった米国ホンダの長期戦略案では、先に述べた現地調達率の考え方で真に米国製として認められる五十パーセント以上の国産化は必須で、そのためにエンジンの生産を計画に織り込んでいた。だから「いつ？」には答えられなかったが、「検討している」というのは嘘ではなかった。

オヤジさんは厳しい顔から破顔一笑。

「そうか、そうか、考えてりゃいいんだよ、考えてりゃ！」と一気に相好を崩して、その話題はそれきりとなった。それにしてもオヤジさんが見ている世界は遠い未来まで射程に入っているのだと、畏敬の念を新たにした。

一方でオヤジさんのお茶目でチャーミングな個性にも魅了された。一九八二年、コロンバスの大富豪のお宅に招かれたオヤジさんに通訳として同行することがあった。広大な敷地は東京の世田谷区にも迫る広さで、ゲートからゲストハウスまで、自家用飛行場や十八ホールのゴルフ場、テニスコートなどを横目に見ながらドライブする桁違いのお宅だった。

ここでは若く美人のオーナー夫人が同家のお宝の数々を説明してくれたが、オヤジさんはライバル意識のスイッチが入ったのか、ほとんど聞き流すばかりで、通訳をしている私に、「この土地はさぞや安価なのだろう」、などとつぶやき続けるのだった。もちろんそんな話はホストに通訳できずに私は困り果てた。

第14回　ＵＳ００１……畏敬する宗国氏の薫陶を受ける

「ホンダの米国生産第一号車ラインオフの報道露出を最大化せよ。但し工場には報道陣を一切招待しない。当面見学も受け付けない」。一九八二年十一月、待ちに待ったオハイオ工場の完成、そして米国製「アコード」がラインオフするイベントに際し私に与えられたミッションである。

何より日本車憎し、と盛り上がるアメリカ世論の流れを変えるために、日本車初の米国生産開始は大きなニュースにしなければならないことは自明の理であった。しかしオープンな広報活動が命である米国で、報道陣を呼ばずに好意的な大きなニュースにするというのは難題だった。

まずは思いを込めた冊子や広報資料集を作成したのだが、資料に入れる工場の航空写真、俯瞰写真が天候に恵まれずに出来が今一歩だった。

これを補うべく全米の通信社、新聞、テレビ局にラインオフの式典の様子を撮ったばか

オハイオ州メアリズビルの四輪工場でラインオフした第一号北米生産車：アコード“US001”　演壇は河島喜好本田技研社長（1982年）

りでホヤホヤの写真やビデオを当日中に届けて、速やかに報道してもらうことを計画した。工場の建物のすぐ隣に写真の現像やビデオの編集ができるトレーラーハウスを設置して、ラインオフの式典の終了後、分単位で写真やビデオフッテージを編集、仕上げて量産したのである。

待機してもらった数十人のアメリカホンダの営業地区担当者がそのパッケージを持ってその日のうちに、近隣の通信社やメディアはもちろん、各々の担当地区に飛行機で飛び、全米の都市に散らばるテレビ局、新聞社に直接届けた。今のデジタル時代では考えられない、まさに人海戦術だった。結果は想定を超える露出を得て、ミッションは何とか達成で

アメリカホンダ販売店イベントで、右端がアメリカホンダ社長の茅野徹郎氏、中央奥が上司の宗国VP（後の本田技研会長）、左端が著者（1983年頃）

きた。冷や汗ものだったが、その好意的な反応に米国社会の懐の深さも感じた。

さて、前年の一九八一年に遡るが、年後半になってワシントンDCオフィスも落ち着いて回りだし、年明けには外国部から私よりさらに若い後輩がDCオフィスに赴任することになって、私は以前のようにDCに足繁く通う必要がなくなってきた。そんな時にアメホン社長の吉澤幸一郎専務から「四輪営業に入れてもらいなさい」と言われた。

当時のアメリカホンダは三十人ほどの駐在員がいたが、二輪営業の五人をはじめ、汎用機営業、管理、サービス、技術担当がそれぞれ複数人で、大黒柱の四輪営業担当の駐在員はＶＰ（ヴァイスプレジデント）の宗国旨英さん（後の本田技研会長）ただ一人だった。

宗国さんは一九五九年のアメホン創立以来二人目の四輪営業責任者である。国内四輪営業の現場経験が豊富で、鹿児島の営業所長からいきなり米国四輪営業部門の責任者となった。当時既に滞米十年ほどの社内では有名な立志伝中のレジェンドで、物腰は柔らかいものの常に「寄らば斬るぞ」といった真剣勝負の緊張感が漂う方だった。そしてご自身が「私は米国四輪営業最後の日本人駐在員となるので後任は不要、四輪営業部門は以後米人だけで十分だ」と常々標榜しておられたので、私は正直不安だった。

宗国さんからみれば、当時の私は販売の現場経験もなく、海外代理店ビジネスしか経験のない、多少英語のできる若造でしかなかっただろうからだ。

しかし当時のアメホンは飛ぶ鳥落とす勢いで、本社からも別格の扱いだった。その稼ぎ頭である四輪営業の史上三人目の栄えある駐在員になれたのだと自分を奮い立たせた。

案の定、四輪営業では米人社員がラインの仕事を十分こなしていて私にルーティンが待っているわけではなかった。宗国さんと話をしているうちにアメリカの四輪ビジネスの将来のことを考えてみることになった。たまたまシンクタンクによる「自動車の将来」というプロジェクト報告書や業界の市場予測などが豊富にあったので、勝手に「アメリカホンダ十年計画」と称した長期戦略立案にとりかかった。

第15回　米国輸入車ナンバー1……米国ホンダの十年戦略を立案

一九八一年当時、アメリカは第二次石油ショック後の不況にあえぎ、中でも自動車業界は大型車の販売が落ち込んで市場の極端な縮小が続いていた。十年戦略立案と一人で意気込んでみたが、先行き暗い市場予測ばかりで、明るい未来が描きにくかった。

しかし改めて気付いたのが世界に冠たる自動車社会としてのアメリカの特殊性だった。公共交通機関に頼れば生きていける日本と比べて、この国では都市の中心部以外は自動車がなければ生活が立ちゆかない。ショッピングセンター、ドライブインシアター、ドライブスルーレストラン、遊園地や野球場の広大な駐車場、生活文化そのものが自家用車を土台に築かれている。

一家に一台ではなく、一人に一台という自動車社会であることにあらためて着目した。それゆえ当時の市場縮小は燃料価格のかつてない高騰によるもので、小型車シフトや燃費の向上などで購入の環境さえ整えば、好不況の波を超えて必ず世界一の自動車市場は息を吹き返し成長するのだと信じることにした。

八百万台近くに落ち込んだ乗用車市場は十年のうちに必ず一千二百万台程度に回復する。但しその内訳は小型車が八百万台ほどで主力になる、と当時のどのシンクタンクよりも強気に予測した。

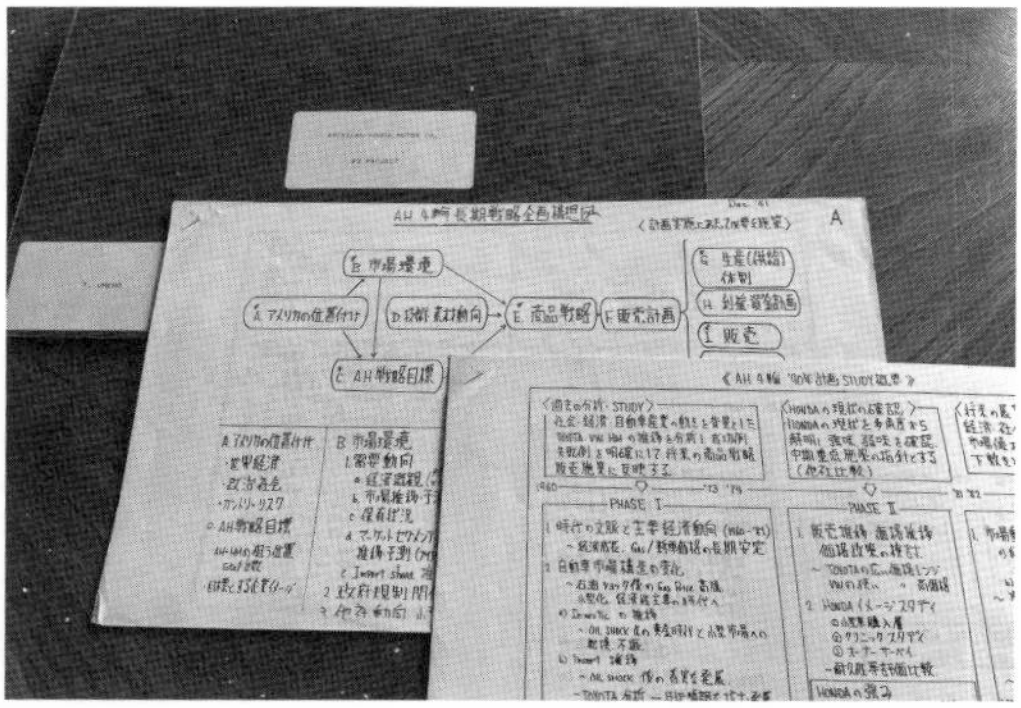

手書きのアメリカホンダ10年計画の提案文書
Exciting・ExpansionからEX Projectと名付けた（1981年）

ホンダはその小型車市場の十パーセントの市場シェアで輸入車販売台数ナンバー1、八十万台の販売を目指すと大胆に目標を定めた。その台数は当時の自主規制の枠の三十万台にオハイオ工場の将来のフル稼働十五万台を足してもはるかに届かない。知恵の出しどころだ。

まずこうした規模の拡大戦略が米国社会で受け入れられるためには、拡大する販売台数は原則として米国生産でなければならない。従って現地生産の拡大、即ち第二生産工場の設立が必要。そして米国産と認められるためのエンジン生産工場も

ヨセミテ国立公園の高峰デーナ山（標高3981m）にて（1981年）

必須だ。

八十万台の供給を確保しても販売はできるのか。当時輸入車ナンバー1だったトヨタが全米に千店の販売網で五十万台を売っていた時代である。後発のホンダがトヨタ並みの販売網を構築して五十万台を大きく超える販売をすることも想定しにくい。既存販売店の権利を保護する十マイル法（既存店舗の周辺半径十マイル内を既得商圏とする）という法律があるからなおさらだ。さて、困った。

「うーん、二階建ての販売網という考え方もあるね～」と宗国さんがつぶやいた。窓のない会議室で二人ワイガヤ（ホンダ式のブレーンストーミング、ワイワイガヤガヤからきている）をしている時だった。それ以上の言葉はなく、宗国さんとの会話がいつもそうであるように、まるで禅問答のようだったが、視界がいっきに広がった思いがした。

米国では一つのメーカーがシボレーやキャデラックといった複数のブランドを展開して

いる。全て既存の会社の吸収合併の結果であって、メーカーが異なるブランドを新規に立ち上げ成功したことは一度もない。販売店の権利を保護する法律の制約と訴訟リスクによるものである。

リスクは高いが、成功すればコロンブスの卵となるアイデアに身体が震えた。後にＮＳＸやＲＬ（レジェンド）を擁するアキュラ系列としてデビューし、数年後のインフィニティ、レクサス、サターン等の新規ブランド参入の先駆けとなる米国初の新規第二販売網。

そして第二工場、エンジン工場と現地生産の大幅拡大につながる大事業戦略の骨格となるアイデアが生まれた瞬間だった。

第16回　お客様満足度と品質……JDパワーとCS調査を推進

「俺たちは祖父の代からクルマを売っている。昨日や今日クルマを造りはじめた日本人にあれこれ指図されてたまるか」。これがアメリカの自動車販売店の社長達の本音だっただろう。

彼らに顧客対応の改善などの要望をするのは気を遣うし、納得してもらうのもなかなか困難だった。しかし米国市場で最後発に近いホンダが競争に勝ち残るには、商品の競争力に加えて顧客対応やアフターサービスで先行メーカーとの違いを出す必要があった。

妥協せず、常に真剣勝負で仕事に向き合う上司の宗国さんは、我々が販売店に「こうすべきだ」と指図するのではなく、「お客様があなたのお店のこういうところを改善して欲しいと言っている」と伝えてお願いする方法が効果的だと考えた。その為の新兵器となったのが顧客満足度調査である。退役軍人で統計や調査のプロであったデイヴ・パワー氏と出会い、それまでの調査を発展させた「ディーラーサービスに対する顧客満足度調査」を共に開発した。

一九八一年に最初の調査を実施、その結果をもとに販売店に顧客対応や施設、サービスの改善を呼び掛け、顧客満足度の向上を目標にして活動を組み立ててもらうようにした。

ランチョ・パロスヴェルデスの自宅前で妻の悦子と（クルマは試乗中のコルベット）（1982年）

それまで「コンシューマーレポート」という消費者向け雑誌で商品トラブルの少なさで高評価を得ていたホンダ車だったが、デイヴ・パワーさんが立ち上げた調査会社ＪＤパワー社の「顧客満足度調査」で、いわばお客様の総合的所有体験の満足度を数値で把握し他社と比較できるようになったのだ。その結果ホンダが業界で一、二位を争う満足度を得ていることが確認でき、広告宣伝にも大いに使わせてもらった。
ホンダやトヨタのこうした顧客満足度指数（ＣＳＩ：Customer Satisfaction Index）の好結果を訴求するマーケティングに対して米国ビッグ

アメリカホンダのオフィスで現地の同僚スタッフと（1983年）

スリーは当初誠に冷ややかで無視を決め込んでいた。しかし一九八四年にGMが突然態度を変えて全社を挙げて顧客満足向上を目指すと宣言したことで、やがて世界中を席捲する「顧客満足度」を競う闘いが始まったのだった。今では様々な業界で語られる顧客満足：CSマーケティングだが、これが誕生の経緯である。

　後日談だが、一九八四年に本社の国内四輪本部にこの調査を紹介した私は、翌年日本に帰りこの調査を担当するセクションに配属された。後年フォルクスワーゲングループでもドイツ本社はじめ日本を含む世界各国でJDパワー社と組んで同ブランドのCS向上に努めることになった。この分野でホンダが世界のパイオニアになったことは秘かに誇りとしている。

　もう一つ品質関係のエピソードがある。七〇年代後半から米国で販売した百万台を超すホンダ車が、塩害による車体の錆でリコール対象となるかもしれないと緊張が走った。品質担当の専務だった次期社長となる久米是志さんがアメホンを訪問中に、その件をアメホン幹部が報告、相談する会議を開いた。

もしリコールとなると当時の本田技研の年間経常利益の半分以上の費用を計上する必要がある旨を、アメホンのサービス担当ＶＰが恐る恐る報告した。すると久米専務は「何をグズグズしている、お客様にご迷惑がかかる不安が少しでもあるなら、すぐリコールを実施しろ。決算への影響の心配などは本社の私たちの仕事だ。現場の君たちはお客様にとってベストの行動をとることが仕事だ」と明言された。本田宗一郎が唱えたお客様第一主義の魂は本当に受け継がれているのだと感激し、ホンダマンでいることがなんとも誇らしかった。

第17回　息子の病気と日本帰国……四年ぶりの日本で国内四輪へ

米国駐在は総じて明るく楽しい思い出に彩られている。駐在二年目からの仕事は、日常の販売計画・輸入業務とオハイオ工場の稼働後の物流戦略、米人のトム・エリオット氏（後のアメホンEVP：執行副社長）を巻き込んで始まった長期戦略プロジェクトチームの活動、また四輪営業でただ一人の実務担当駐在員として本社北米部はじめあらゆる部門の出張者たちの受け入れで実に忙しくなった。

戦略プロジェクトはやがて本社に承認され、全社を挙げた壮大なスケールで展開しはじめた。第二チャネル用にアメリカ発で開発されることになったクルマの現地イベントも目白押しとなっていった。オハイオ第二工場、エンジン工場の企画も進んで、描いた夢が次々と現実のものになっていく。本当にエキサイティングな展開に心躍る思いだった。

マイナス十六度の極寒のシカゴの港で、何千台というクルマの回収作業の手伝いをして身体の芯まで凍えた経験。出張先の全米各地の美味しい食事を楽しめたことなども思い出深い。妥協を許さない宗国さんの下で、ビジネスに向かう真剣勝負の姿勢を学べたことも私の大きな財産となる経験だった。

一方プライベートライフでは一九八一年に数か月遅れてやってきた家内との間で一男一女を授かった。現地での出産と育児も核家族に対応した医療や育児体制のお蔭でそれほど負担を感じることなく済んだ。スタンフォード時代の友人や新しい友人達との交流もあり、生活環境に恵まれたカリフォルニアライフを存分に満喫することができた。

しかし公私ともに充実していた米国駐在の終わりにとても悲しい出来事に見舞われた。一九八四年十一月、大阪の四輪営業所に翌年早々の帰任が決まった後だった。米人の部下が企画、アメリカらしい派手な送別会を開催してくれている折に、二歳の長男が原因不明の感染症で入院、その後脳梗塞を発症してほぼ全身麻痺となる重度の障害を負ってしまっ

長男圭太郎が生まれ家族3人となる（1982年）

た。

呻くことしかできない幼児を連れて四年ぶりに帰国したものの、すぐ再入院することになった。一九八五年一月、会社の配慮で帰任先が大阪から東京の国内四輪本部企画課となり、東京の実家の援助も期待しようという時に、今度は母が末期がんと診断され入院した。終業後は二つの病院での見舞をはしごする毎日が三か月ほど続いた。陽光溢れるカリフォルニアと真冬の東京との対比以上に暗く厳しい日々だった。そしてこの間も明るく気丈に家族を支えてくれた家内には、頭が下がった。

その後時間はかかったが息子は奇跡的な回復をみせて、障害を残しながらも大学を卒業、就職、結婚もして今や腕白盛りの二児の父として立派にやっている。母も治験中の抗がん剤のおかげで手術が可能となり、末期がんから生還。その後七十八歳で亡くなるまで十五年間存命した。

さて、新しい職場である国内四輪本部では折しも一年後の一九八六年に三系列の販売網を立ち上げ、年間三十万台で長く停滞していた販売の壁をなんとか突き破ろうとしていた。

当時のホンダ国内販売網は販売店数こそ多いものの、二輪店を衣替えした地元密着の小型販売店、カーディーラーとしての体裁を整えた販売店、そして新規参入したもののプレ

アメリカホンダ30周年記念パーティーで長女真紀子の誕生を翌日に控えた臨月の妻悦子と（1984年）

1984年11月に病気で重度の障害を負ってしまった長男圭太郎は１年後にはここまで回復した（1986年）

リュード一車種の販売で苦戦が続くベルノ販売店など玉石混淆の状態であった。三十万台の壁を突き抜け、投入予定である主力のアコードの新型車、英国ローバーグループと共同開発した高級車などを上乗せして販売し、先行メーカーを追撃するには販売網の再編が急務だった。

第18回　個性明快三系列……国内四輪の戦略作りに熱中する

私が配属された国内四輪本部企画課は、新規に設置されたばかりの組織で、戦略マーケティングの企画を期待されていた。アメリカホンダで私の上司だった宗国さんも私と相前後して帰任され、国内四輪担当の取締役として早速国内四輪の長期戦略を立案せよと号令をかけた。企画課を含む三つの部門が指名されて、それぞれの長期戦略案をコンペの形で評価し、一番良いものを選びその部門が戦略の企画推進を担うということになった。

国内四輪販売網の再編成は、三つの系列とすることが決まっていたが、中身を聞いて驚いた。既にあるベルノ系列の専売車を除いて以後投入する全車種を全販売店が販売するというのだ。アメリカの第二販売網アキュラで市場セグメント毎のブランドと車種の棲み分けを戦略コンセプトとして立案してきた私の目には、「これでは販売テリトリーの設定がない全国二千数百店舗のホンダ店同士の競合が激しくなり、結局販売の増加は望めない」と危惧した。

そこで三系列がそれぞれチャネルコンセプトを明快にして異なる顧客ターゲットを受け持つ。そしてそのターゲット層に合った専売車種を各チャネルに割り当てて競合を最小限にしようというのが私の提案であった。これが直属の上司、企画課長の高山忠三さんの強い支持を得ることになり、戦略提案の柱となった。

国内四輪本部企画課の仲間とテニス。
固く信頼し合った同志だ（1986年）

結果は見事コンペに勝利。異なる顧客ターゲットを受け持つ個性明快な三系列を設置し、各系列は専売車種を責任販売することが国内四輪の長期戦略として採用された。企画課がその戦略を練り上げていくことも決まった。

高山さんは獅子奮迅の働きで、それぞれの系列の部長たちを説得し、見事に皆が納得する戦略を二、三か月かかって完成させ、企画課はコンペ勝者の意地を見せた。アメリカの長期戦略に続き、国内でも長期の四輪事業戦略が策定されたのだ。それまで本社で推奨された一枚ベストの資料ならぬ、百数十ペ

20年後の元企画課メンバーと上司の高山忠三さんの山荘で（左奥が高山さん）（2006年）

ージに及ぶプレゼン資料だった。

この闊達なチームでの仕事はアメリカでのやや孤独な仕事と違って、正義感が強く情熱溢れる上司の高山さんの下で、自由で、新しい挑戦に満ちたワクワクと楽しいものだった。二人の先輩、小嶋博之さん、目黒常修さんと三人で朝から専用の会議室にこもってカフェオレを飲みながら、時に脱線だらけの議論で午前中を過ごす。そして午後からは各自の得意分野を掘り下げる作業で戦略資料を完成させていくのが日課となった。

翌一九八六年の新春販売店大会で長期戦略の概要を発表することになり、その基調報告作りも企画課の担当となった。子供の頃からスライド好きで、アメリカのプレゼン文化で培養されていた私は、待ってましたとばかりにこの制作にのめり込み、睡眠時間を削って基調プレゼンテーションを完成させた。三面スクリーンマルチスライド、二十七台のプロジェクターをコンピューターで駆動する二十六分間に及ぶ大作で、ナレーションは『ジェットストリーム』のナレーションで有名だった城達也さん（故人）にお願いした。

この発表は非常に大きな反響を呼び、販売店の社長達をはじめ社内からも「国内四輪のやりたいことが初めてわかった」「説得力のある戦略でやる気が出た」と好評だった。社長の久米さんからはご自身が「各事業所を回って話をしたいから最初にこのビデオを上映してくれ」という嬉しい注文まで入った。そしてこの戦略に沿ってプリモ、クリオ、ベルノの個性明快な三系列と専売車種が逐次準備されることになった。二十年ほど後に三系列が廃止になるまで、国内でトヨタ追撃の旗印となる戦略の誕生だった。

第19回　社長・会長秘書役……突然のヘリコプターからの眺め

一九八六年、突然秘書室に異動を命じられて会長の秘書になるのだと言われた。古くは本田宗一郎さんや河島社長のお供をしたことはあったが、自分が秘書になるとは夢想だにしなかった。

担当する二代目の会長である岡村昇さんは軸足を財界活動に置いておられた。前任者からは「社会の全方位にアンテナを立て、古今東西の知識・情報を学習せよ。毎日二十四時間仕事と心得よ」との引継ぎメッセージをもらった。

当時のホンダは財界活動の窓口になる渉外部も、役員室を支える経営企画部もなかったので、いわば一人シンクタンク機能が会長秘書役に求められたのだ。最初は怯んだものの、営業の大先輩である岡村会長の温厚な人柄もあり覚悟を決めた。

会長秘書時代のハイライトは一九八七年の経団連訪欧ミッション参加だった。折からの自動車貿易摩擦で訪問先各国との争点は対欧輸出自主規制問題だったので、経団連会長の斎藤英四郎さん、平岩外四さん、盛田昭夫さんといったお歴々を差し置いて、自動車産業代表の岡村会長が訪欧団のキーマンとなった。

自工会、通産省、業界各社を駆け巡って準備を整え、イタリア・ドイツを歴訪。コール首相をはじめ両国首脳や経済団体との会談に臨んだ。現地では参加メンバー各社の随行員、通産省、外務省の皆さんと協力して緊張感を持ちながらも、楽しく経済外交の第一線を支える体験ができた。

鈴鹿Ｆ１終了後、ドライバーズチャンピオンとなったネルソン・ピケ氏を中心に右から中嶋悟氏、本田宗一郎最高顧問、ネルソン・ピケ氏、久米是志社長、久米夫人、川本信彦本田技術研究所社長（後の本田技研社長）（1987年）

経団連訪欧ミッションの参加者用冊子　斎藤英四郎氏、平岩外四氏、盛田昭夫氏、岡村昇氏の顔が見える（1987年）

同年、会長が総務畑出身の大久保叡さんに代わり、会長の対外活動は少なくなるからと、私はそれまで秘書室長が担当していた久米社長の秘書役も引き継ぐこととなった。激務の社長の秘書役まで自分に務まるか不安だったが、トップお二人をサポートさせていただくのは秘書冥利につきるとファイトが湧いた。

久米社長はエンジンをレイアウトから丸ごと設計してこられた伝説のエンジニアで、ホンダのトップが飛行機好きなのは伝統だったが、久米さんも移動にヘリや小型機を使うことを好まれた。しかし私がお供をすると、何故かヘリは何度も不時着し、小型ジェットでも悪天候で世にも怖い思いをすることが続いた。長野に出張の折、碓氷山中で視界不良による緊急退避中のヘリの中で河島前社長との航空機事故の話をしてしまったことがある。なんとも恨めしいお顔で私を長いこと睨まれたことも今や懐かしい思い出だ。

私は社長のカバンは原則として持たなかった。私が手ぶらであればお持ちしたが、社長が空手で秘書の私が両手にカバンを持ってついて回る図は、行動的で若々しいホンダのトップのイメージにふさわしくないと考えたからだ。

ある時デトロイトで米国機械学会の基調講演を久米社長とGMのロジャー・スミス会長が行なうことになった。会場に来たホンダの駐在員が社長のカバンを取り上げ私に押し付けてきたが、私はそれを断わり社長に戻した。さぞ生意気な秘書と思われたことだろう。

やがて久米さんの隣に颯爽と現れたロジャー・スミス会長はお供も連れず、一人でブリーフケースから原稿を取りだしてテキパキと進めるなど準備に余念がなかった。この様子を見た久米社長は後で、「梅野がカバンを持たない意味がよくわかった」、と言ってくださったのが何より嬉しかった。

秘書室勤務で見た景色はいわば会社の麓から頂上まで、ヘリで一気に飛び上がって見る眺めに例えられる。

第20回　国内四輪販売の第一線へ……山梨営業所でお山の大将初体験

久米是志社長の秘書として三年ほど務めた一九九〇年六月、久米社長は退任し川本信彦社長にバトンを渡された。これに合わせて秘書も交代、私は山梨県に赴任することになった。

秘書室でも生意気だったのだろう、国内の営業の現場で汗を流してこいという会社の親心か、願ってもない転勤だった。ハンディのある長男と家族は東京に残して、本田技研の山梨県における代表、いわば支店である本田技研山梨営業所（現在は存在しない）の所長として単身甲府に赴任した。当時のホンダの四輪ビジネスは、地元密着型の小規模販売店に大きな投資をさせない形で、先行するトヨタや日産の販社のような計画販売による在庫やアフターサービス、広告宣伝といった機能の大半をメーカー自身が受け持っていた。後発ゆえ知恵を絞ったユニークな販売網で、各県にある営業所はメーカーの出先機関としてこうした在庫、卸、広告宣伝、販売促進などの機能を請け負っていた。

山梨県甲府市での単身赴任中、週末に訪れた家族と八ヶ岳方面でスキーをする（1992年）

地方紙全面広告を使った山梨県独自のキャンペーン「冬こそ、オープン。」

刀剣趣味が高じてきて実際に使うことも理解しなければと、最も実戦的と言われる天然理心流の剣術を学んだ（1991年）

フィールド活動を通して県内のホンダ販売店を統括し、販売計画立案、営業企画、宣伝広告をしながら卸販売をするのである。メーカーではあるが、第一線に近い代理店のような経営を楽しめる非常にエキサイティングな職場だった。

ホンダでは営業所長を一度やったらやめられないと言われていた。各県の一国一城の主に例えられ、いわばお山の大将だった。具体的には本社の販売計画を受けて県別の販売目標を定め、配下の営業所員とともに県内数十店の販売店を叱咤激励して目標達成を図る。持ち駒である商品、拠点、人員、宣伝広告がそれぞれ兵器、陣地、兵力、航空戦力に例えられ、戦争ゲームのような営業の面白さを満喫できるからだ。一度本社と目標を合意すればあとは結果の勝負だ。卸売りの管理マージンの範囲内ならば自由に好きなことができた。なるほど楽しかった。

着任早々、販売店の代表者会議でホンダの理念である「買って喜び、売って喜び、創って喜ぶ」、この順番の意義を説き、それゆえのお客様第一主義、ＣＳの向上を熱く訴えた。それが必ず販売店の収益向上につながる好循環を生むというロジックを毎月形を変えて説明した。

また販売施策の徹底のために、それまで営業所からファックスで流していた当月の施策の詳細を、地区の販売担当者が販売店を訪問して、各自に支給した携帯ホワイトボードに販売施策を板書しながら説明するようにした。メーカーの地区担当者が施策の目的と仕組みを自ら説明できなければ相手に理解してもらえるわけがないからだ。

また宣伝広告も思いきって地元の地方紙に営業所独自制作の全面広告などを打って話題を呼んだ。発表したばかりの軽のオープンスポーツカーを使い『冬こそ、オープン。』と訴えるなど、常識にとらわれないチャレンジをした。当初「今度の若い所長（私は三十九歳、全国で最年少所長だった）は理想主義だが、現場のことが本当にわかっているのか」と懐疑的であった販売店の社長達も、半年ほどでみるみる業績が向上すると誠に好意的に話を聞いてくれるようになった。

全国で販売達成率が最低レベルだった山梨県が、翌年には『新春販売店大会』で達成率日本一で表彰されるまでになった。本当に嬉しかった。

勝沼のワイナリーに若者に人気のあるグループを呼んで新車発表会を催し、新車のレーベルを印刷したワインを配るなど、イベントも工夫した。大好きな山に囲まれた甲府での楽しく充実した単身生活は、あっという間の二年間で終わることになった。

第21回　クルマの開発を命ず……マーケットインへのチャレンジ

一九九二年、たった二年足らずの単身だったが、楽しい地方生活は本社の四輪商品企画に戻される辞令で突然終わった。

商品に魅力がなさ過ぎて売るのに苦労すると日頃社内で公言していたからだろうか、川本社長の肝いりでCST（カー・ストラテジック・タスク・フォース）という新しい開発プロセスによるクルマづくりを始めるので、やってみろということだった。

背景にはそれまでのホンダが得意としたプロダクトアウト型の開発で作られたクルマが市場の支持を受けにくくなっている、という認識があった。その頃導入したばかりのTQM（トータルクオリティマネジメント／QC手法に則った経営管理手法）を駆使して、市場と顧客のニーズ、シーズに基づくマーケットイン型のクルマの開発に転換することが使命だった。

これまでもSED（営業・生産・開発）が参画して機種開発を進めてはいた。しかし今度は研究所の専権分野だった根っことなる機種の開発企画そのものに、営業出身者も戦略車種のリーダーとして参画することになったのだ。

アメホンで二輪営業を担当されていた清水郁郎さん（後の専務取締役）が主力車種の次期シビック、私がホンダのフラッグシップたる次期レジェンドを担当することになった。さて、今までは売る側として好きなことを言ってきた立場だったが、今度は作る側に立たなければいけない。なんとも皮肉ではあるが、クルマ屋としてクルマ開発の本丸の仕事をさせてもらうチャンスに闘志が湧いてきた。

このタスクフォースでの仕事は、企画のプロ集団である研究所のメンバー達の洗練された調査統計手法に圧倒されながらも、ホンダの存在意義や戦略的なありたい姿を存分に議論しながら機種開発指示書をまとめ上げる。会社のみならず私にとっても非常に貴重な経験となるプロセスであった。プロダクトアウト型とマーケットイン型の開発アプローチの長所と短所をあぶりだすことができたからである。

今の現役の人たちはどのように考えているかわからないが、私自身の学びからすると、どちらに振れ過ぎてもいけない。機種の戦略的位置づけによってその比率は臨機応変であるべきだ。

レジェンドに関していえば研究所のメンバーの作りたかった名だたる世界の高級車に伍する本格高級車の基本骨格と心臓は実現できなかった。技術上の制約ではなく投資やコストといったビジネスファクターによる理由だった。私も気持ちは世界最高レベルの高級車を作りたかったが、それはあまりにも大きなリスクをはらむものであったので、率直に言って妥協せざるを得なかった。

高級車の開発に他社研究はかかせない。会社が購入したベントレー・ターボRLを長期試乗（1993年）

しかしこうした結論を支持して、憤る研究所のメンバーを説得してくれたのが、研究所の役員で開発プロジェクトチームの後見役をされていた渡辺洋男さんだ。バランス感覚とマネジメントセンス豊かなエンジニアだった。

その間開発チームの編成コンセプトも新しくするからと言われて、研究所と並ぶ本社のＬＰＬ（ラージプロジェクトリーダー）を仰せつかって、このレジェンドをはじめ、初代オデッセイ、ＮＳＸタルガ、そしてホンダ初の電気自動車を担当した。

ホンダのフラッグシップ、三代目「レジェンド」開発完了後に転勤した先のオーストラリアで同車を発表することとなった。プロモーション用のタイム誌の表紙を飾る（1996年）

特に初代オデッセイは思い出深い。

私が開発チームの本社ＬＰＬに指名された時には、機種開発は既に後半に差しかかっていた。それまで開発チームを率いてきた研究所ＬＰＬの小田垣邦道さんは様々な制約の中で新しいコンセプトのクルマを開発する厳しさ、困難の連続に直面する苦しい胸のうちを打ち明けてくれた。意気込みとしては「プライベートジェット」のような空間を実現する新しいワンボックスファミリーカーを目指していた。しかし既存の乗用車の骨格とドライブトレインを流用し、工場の狭いラインに制約された車体寸法やデザインを含めてチームとしては自信が持てないでいた。

顧客ターゲットである若いファミリー層の評価はどうなのか。発売までまだ一年以上あるタイミングで、全く異例だったが、ターゲット世代である社員に内々にクルマを見てもらった。二百名以上の社員に「開発は未完で、皆さんの意見を反映して完成させたい」と意見を聞いた。結果は惨憺たるもので、「ワンボックスカーとしては機能不足」「ステーションワゴンとしてはずんぐりしていてカッコ悪い」などのネガティブな意見、評価が圧倒的で、八割以上の回答者が「このクルマを購入するつもりはない」というものだった。「ワンボックスカーでもなくステーションワゴンでもない、中途半端なクルマ」だから魅力がないということだった。クルマのデザイン、仕様の大きな設計変更は不可能な段階にきていた。ならばと考えたのが「中途半端」というネガティブポイントを逆手にとり、「中途半端だからできること」をセールスポイントとするしかないのだと腹を決めた。

至急、その「中途半端だからあれもできる、これもできる」ことを訴求するプロモーションビデオを制作し、「本格ワンボックスカーに迫る多目的機能」と「都会のお洒落なシーンにも似合うスタイリッシュなデザインと効用」を細かく訴求する映像にまとめた。

二か月後、前回の評価イベントに参加した社員にまた集まってもらった。実車を確認する前に、「皆さんの意見を極力反映したクルマに仕立て直した。ついてはこのビデオを見てから再度評価をお願いする」と前置きして再度評価してもらった。

結果は劇的だった。クルマ本体はマイナーな仕様変更に限られていたにもかかわらず、今度は「是非購入したい。いつ発売されるのか？　楽しみだ」という回答が九十パーセントを占めたのだ。

新しいコンセプトの効用を正しく伝えることがいかに大切かを思い知らされたとともに、このクルマのマーケティングの方向性がはっきり見えてきたのだった。

数か月後には先例のない早いタイミングで販売店の代表者にこのビデオの上映と実車の内覧会を催し、広告宣伝の戦略も定まった。そしてオデッセイ（冒険旅行）と名づけたそのクルマは発売とともに国内四輪ビジネスの起死回生のヒット作となった。

こうして携わったいずれの量産車開発も私は開発完了報告までは務めたものの、新車発表の時には転属していて、大ヒットしたオデッセイなどの開発チームとしての栄誉に浴すことはなかった。

第22回　再びアジア大洋州を担当……猫も杓子も中国市場になびく

九〇年代の初頭、ホンダの業績は低迷し、銀行主導による三菱自動車との合併の噂が流れたりした。営業と研究所の関係もしっくりいかず、営業代表でクルマ開発の第一線で闘っている私は、傍目には血を流すほど苦闘しているように見えたらしい。確かに、大きな会議で研究所の役員達から営業批判の嵐にさらされた場面で、なぜか営業の役員は欠席しており一介の管理職だった自分が矢面に立った記憶が何度もある。

開発は本来自分達の仕事だとプライドを持つ研究所との関係で苦労はしたのだろう。後日研究所の幹部が、あるクルマを指さして、「梅野さんの血だらけですね」という何とも微妙なコメントをしたことがあった。「ああ、そんな風に見えていたのか」と妙に納得したことを覚えている。

一九九四年三月、アジア大洋州の営業と生産を担当する課長になり本部に戻った。上司からははっきりと「助け舟を出してやった」と言われた。しかし、十数年ぶりの本社海外営業は様変わり、折からの円高対応と急拡大する中国ビジネスへの準備作業、中国政府による進出メーカー選定のためのコンペへの参加などで浮足立っていた。

人民服を着た政府関係者やだぶだぶの背広を着たビジネスパートナー達の来訪も多くなり、ひたすら一緒に食事をして飲むばかりのお相手をした。また完成車輸出だけだった中国本土では、米国や香港で絶大な知名度と信頼性を誇っていたホンダの本格進出への期待が高まっていた。

そんな折に、中国本土で初めてといわれた、小さいながら世界基準の近代的なショールームを、世界中のライバルに先駆けて深圳にオープンすることができた時は誇らしかった。それまでのショールームと呼ばれるものは皆ただの倉庫にしか見えないシロモノだったからだ。

しかしそのテープカット後の祝宴で驚いた。メインテーブルに座っている中国側のゲスト達は人民解放軍の軍服と公安（警察）の制服を着た面々ばかりだったのだ。アジアやアメリカ、日本でのビジネスとは全く違う、未知のルールに備えなければならないと思い知ったのだ。

そのころ既に、現地生産を含めた中国への本格進出に向けた準備が会社を挙げて進んでいた。上海オフィスを開設し、限られた中国進出の認可をかけて世界の自動車メーカーが自社をアピールする、中国政府主催のコンペイベントへの参加準備が忙しくなった。

今まで私が経験した各国政府や自治体による誘致活動とは異質な、上から目線で「進出したければ、中国にどのように貢献できるかをプレゼンせよ。気に入れば選んでやる」というスタンスで行なうコンペには、正直暗然とした。当時、為替相場は一ドル百円を切っ

まだまだ自動車は少なく自転車ばかりが目立っていた当時の天安門広場（1994年）

中国本土で恐らく業界初の近代的なショールームを深圳にオープン（1994年）

て急激な円高が進んでいた。本社ではパニック反応よろしく毎日のように緊急会議が続き、アジア大洋州の幹部達は生産、開発、本部機能の海外移転を慌てて進めようとしていた。

ホンダには「需要のあるところで生産する」という誠にわかりやすい本田宗一郎の哲学がある。「大きな需要のある市場で生産し、雇用を生み、納税してその社会に貢献する」という、アメリカでは忠実に実行してきた考え方だ。

しかし、二十年間にわたり一ドル三百円から百円までの激烈な為替変動を経験してきた私は、市場規模と現地の供給インフラが整わない中での拙速な重要機能の現地移転に反対し、中長期の戦略的判断に基づく取り組みを主張した。結果として、アジア大洋州本部の幹部達と私との間に、味わったことのない微妙な距離感が生まれた。

第23回　南十字星下のお山の大将……赤い大陸で王道の戦略を実践

オーストラリアの販売店大会で初めてのスピーチを行った。販売店協会の会長が挨拶に来て「見事な英語のスピーチだった。でも一つ忠告がある。米語のアクセントはこの国では全く尊敬されないから直した方が良い」と言われた。海外現地法人社長としてデビューした日の思い出である。

なるほど、同じ英語圏でも国が違えば価値基準も大きく違うのだ。仕事の上でも米国の成功体験をそのまま持ち込んではいけない、と気づくことができた。

一九九五年、本社アジア大洋州本部の為替対応や、中国ビジネスに対する姿勢に違和感を覚えていた私に、オーストラリア転勤の辞令は大いなる救いだった。また、米国から帰任以来十年ぶりに西欧のビジネス文化圏で仕事ができることも素直に嬉しかった。私は四十四歳になっていた。

単身赴任先のメルボルンはとても魅力的な街だし、接するオージー達は素朴と言ってよ

F1のレジェンド：サー・ジャック・ブラバム氏とテニスのレジェンド：イボンヌ・グーラゴング氏とゴールドコーストでのCARTレース応援に駆けつける（1996年）

いほどフレンドリーで明るい人々だった。年に二度、上司の本社役員に事業報告をするだけで、文字通りお山の大将で好きなことができる。最高の舞台だと闘志が湧いた。もちろん結果が問われるわけで、三年間の中期事業計画を策定し、ＰＤＣＡを回して三年後の成果を目指すことにした。

まずは急な円高で溜まりに溜まっていた在庫の一掃を優先し、さらに、政府が政策で毎年下げていた輸入税率を目当てに年末の仕入れを渋っていた現場に、計画通りの仕入れを指示して、販売計画必達への断固たる意思を強く発信した。次に少々外観が古ぼけていた販売店網に積極的な投資を喚起するための施策を考えた。店舗投資をし

オペラ『蝶々夫人』のプロダクションスポンサーとして、オペラ・オーストラリアの総監督エイドリアン・コレット氏、主役の歌手：シェリル・バーカー氏、ジェイ・ハンター・モリス氏と。背景はシドニー・ハーバーブリッジ（1998年）

CARTレースでサー・ジャック・ブラバムとパレードランの栄誉に浴す

て販売規模を拡大し、お客様満足度の向上を達成してくれた販売店に報いるディーラーマージン体系を導入したのだ。

結果として販売網は投資ブームとなり、販売店の店構えはどんどん立派になってライバルを圧し、販売台数の拡大とホンダのプレゼンスの向上は目を瞠るものになっていった。

現地生産をして税制で守られていたGM、フォード、トヨタ車と違って、完成車で輸入されるホンダ車の価格は、高率の輸入関税により日本や米国での同格のライバル車に比べて何割も高かった。

お客様にホンダ車を買っていただくには、ライバルに比してより高いブランドイメージが必要で、その付加価値をアピールするためのマーケティング、広告宣伝、スポンサー活動が欠かせなかった。

クリエイティブに工夫を凝らしたユニークで格調高い広告宣伝活動を心がけた。加えてオーストラリアで人気の高いテニス、競馬、ゴルフ、オペラ、そして海外開催である米国CARTレースなどのスポンサー活動を通してブランドイメージの向上に努めた。幸いにして歴代の先輩社長達が築き、つないできてくれたホンダブランドへの高い評価は、さらに高まり、市場ではベンツ、BMWに次ぐ第三位の、世界に例を見ない高いブランドポジションを獲得することができたのだった。

ゴールドコーストで開催されたアメリカのCARTレースの冠スポンサーとして、ホンダとの縁も深いオーストラリア人でF1の英雄であるサー・ジャック・ブラバム氏の運転するNSXの助手席でパレードランをする得難い機会を得た。歌劇団オペラ・オーストラリア（以下OA）が手がけたプッチーニ作曲のオペラ『蝶々夫人』の新演出公演では、十年間コミットした冠スポンサーとしてシドニーオペラハウスでの開幕シーズンだけで二十七回もの公演の大成功を支えた。打ち上げのレセプションでは、OAの総裁から「お金も出すが、こんなに口も出すスポンサーは初めてだ」と言われて乾杯したのも懐かしい思い出だ。

第24回　VWにまさかの転職……万感の思いと共にホンダを去る

一九九八年、オーストラリアでの最終年は、販売網強化とブランド価値向上の王道の戦略が奏功して販売ペースは着任時の倍になり、円安に反転した為替の影響もあって、連結収益も劇的な改善を果たした。情熱溢れるホンダオーストラリアのチームと起業家精神旺盛な販売店経営者達に支えられた三年間だった。実に楽しく充実した単身駐在は、歌劇団オペラ・オーストラリアの美しいディーバ達に見送られて、幸福な達成感と共に終わった。

本社アジア大洋州本部の東アジア大洋州部長として、引き続きオセアニアを含むアジアのビジネスを担当した。一年ほど経った頃、ホンダは中国市場への進出をいよいよ本格化させた。社内の非公式情報から、自分の次の担当そして将来の任地は中国になるのだろうと漠然と感じていた。以前の中国共産党下のビジネスの経験から、正直気の滅入るところであった。

そんな時に、十年以上前から折にふれて私を誘ってくれていた独ＢＭＷのナンバー2であったビュッヘルホッファー博士が、独フォルクスワーゲン（ＶＷ）グループのナンバー２になっており、今度は私をＶＷグループに熱心に誘ってくれた。僭越ながら内心で、「アイ・アム・ホンダ」だと自負していた私がホンダを辞めるなどということは、長い間想像もできないことだった。

しかしこの時ばかりは私の次のステージになるだろう中国ビジネスに情熱を持てないこと、また、障害を背負いながら頑張っている息子と娘の思春期に、既に五年間にわたって単身赴任で一緒に過ごせなかったことを考えて、この先想定される中国での単身駐在は重荷に感じていた。

フェルディナント・ピエヒ博士
フェルディナント・ポルシェ博士の孫にあたり、エンジニア。アウディの社長を経てフォルクスワーゲングループの総帥となった。欧州の老舗のメーカー各社を買収し、ブランドコレクターとの異名をとった希代のカーガイ

ビュッヘルホッファー博士の熱意もあり、以前一度だけお会いしたことのある当代きってのカーガイ、ＶＷグループの総帥であるフェルディナント・ピエヒ会長とドイツ・ウォルフスブルクのＶＷ本社で面談すること

になった。

社長秘書時代にアウディの社長であったピエヒ氏とお会いしたことがあると話すと、すかさず「今の自分はあの頃の自分とは違う人間なのです」と言われて面食らった。フランクで熱いエンジニア社長を卒業して、ＶＷグループを率いる自らの立場にストイックな意気込みを感じた。

様々なやり取りの後に、「ホンダは何故企業提携に熱心でないのか？」と質問があった。「ホンダの人間は皆クルマに熱い情熱を持っています。提携の結果財務屋さんに大好きなクルマのレースをさせてもらえなくなるのを嫌っているのです」と答えたところ、破顔一笑。身を乗り出して「私が全力でサポートするから是非ＶＷに来て欲しい」と言われた。その勢いに押されて、私はその場で「はい！」と答えてしまった。

第二次大戦前からフォルクスワーゲン本社の象徴となっている旧火力発電所の四本煙突（2000年）

二十四年間お世話になったホンダを卒業すると決めた瞬間だった。広大なウォルフスブルクの本社構内で、冬空にそびえる旧火力発電所の四本の煙突とレンガ造りの建物の巨大なＶＷロゴを見上げると、冷たい異国の風が身体に心地よく感じられて、視界が霞んだ。

二〇〇〇年二月、同僚、先輩達に別れを告げるのは本当につらいものがあった。お世話になった宗国会長には笑顔で送っていただけた。

しかし入社以来秘かに憧れていた準創業メンバーで、海外ビジネス、アメリカホンダの父、川島喜八郎元副社長には「あんたが辞めてしまうのか」と絶句された。しばしの間をおき、目を潤ませてくださった折には、私も感極まって立ち尽くし、「ホンダに勤めることができて心底幸せだった」との思いを噛み締めた。この時私は四十八歳だった。

第25回　VWビートル生誕の地へ……時速三百キロでの風切り音

フォルクスワーゲングループジャパン（VGJ）で正式に仕事を始める前に、ドイツと英国での二か月余りの研修期間があった。ドイツでは会社を知ることとグループの経営トップ達をはじめとした人的ネットワークづくり、英国では海外現地法人の好事例モデルを学習するためだった。

本社のあるウォルフスブルクではローテホフという街はずれにあるVWグループのVIP用ゲストハウスに滞在した。緑濃い林に囲まれた、質素ながら格調を感じさせるたたずまいは戦前からのフォルクスワーゲンの歴史を感じさせ、広い芝生の庭に面した部屋からは毎日増えていくモグラの穴を数えられるような、のどかな環境にあった。

ゲストハウスの廊下にはフェルディナント・ポルシェ博士以来の歴代のトップの肖像が飾られていた。中でもその後知己を得る、いかにも謹厳なドイツ紳士らしいカール・ハーン前会長の写真には吸い寄せられ見とれてしまった。本田宗一郎に続き、こうした自動車産業史上のレジェンド達とのご縁に深い感慨を持ったからだ。

また、この施設の長は謹厳な女性で、その容姿や言動はまさに映画で見る第二次大戦中の女性軍人のようで、社員の間ではカリスマ的な人気を誇っていた。ある朝、挨拶をしながら出勤しようとすると、厳しい声で呼び止められて、背筋を伸ばした彼女がカツカツと駆け寄ってきた。何事かと緊張したが、私のスーツから糸くずをつまむと、「これで良し」と気をつけの姿勢で表情を変えずに見送ってくれた。ああ、私はドイツにいて、ドイツの会社に勤めているのだと実感した出来事だった。

フォルクスワーゲングループのブランドテーマパークであるアウトシュタットの遠景。ピエヒが敬愛していた日本文化に触発されたデザインを持つユニークなリッツカールトン・ホテルも営業している（2000年）

ＶＷ本社での体験から、予想に反して、この会社はホンダに勝るとも劣らないクルマ好きの集団だと知った。

ある時、開発中の最高級車、フェートンの開発現場を訪問し、そのリーダーと懇談させてもらった。驚くことに私がホンダで川本社長から指示されて行なった新しい開発手法そのままのやり方だった。営業、生産、購買、技術各部門からメンバーが参画し

アウトシュタットの博物館にある初期のVWビートル

たプロジェクトチーム形式で、しかもメンバーは一か所に詰めて開発を行なっていたのだ。そしてその技術的なこだわりは物凄いものだった。

アウトバーンを時速三百キロで巡行中のAピラー辺りの風切り音を消すためだけに、ドアフレームに鉄板プレスではなく、アルミのダイカストを採用したり、窓枠のシールを三重から六重にしたりするといった徹底ぶりだ。日本車では効用とコストのバランスを意識して妥協するところを、VWでは狙った効用のためにはトコトンお金を惜しまない。こうしたこだわりには本当に驚くとともに感心した。なるほどドイツ車のドイツ車たる意義と付加価値はこの「細部へのこだわり」の積み重ねによって作られるのだと納得した。

日本で正式に仕事を始める前だったが、フォルクスワーゲングループジャパン（ＶＧＪ）で次年度販売計画を策定するために、一時帰国して日本のスタッフ達との会議に参加した。

事業計画は、ホンダ時代と比べると実に慎重かつ保守的に議論されていた。私は責任は自分が負うからと、かなりチャレンジングな目標設定とそのための施策を主張し、不安げなスタッフに元気を注入したつもりだった。

後に聞いたことだが、「こんな大胆なアプローチでは、梅野は一年も持たないだろう」という前評判が会社の中で広まっていた。

第26回　独グループ最高幹部就任……影響力あるプレイヤーを目指す

二〇〇〇年七月、フォルクスワーゲングループジャパン（ＶＧＪ）の代表取締役副社長として着任した。私は四十九歳になっていた。

本社のトップからは、社長交代と経営体制の移行をスムーズに行うために社長就任は一年後という約束になっていた。しかし前任の社長ピーター・ノッカー氏はＶＷグループの豪州法人社長に転出が決まっており、早速、次期社長として中長期の目標と重点施策を定めることにした。

前年に投入したニュービートルの人気に支えられて、輸入車ブランド別販売台数第二位の立場を脱しつつあったこともあり、まず国内輸入車市場トップの座を安定的に確保すること。そして単に台数でなく、ビジネスのプロセスや質で国産を含む日本国内の自動車ビジネスをリードするような「影響力のあるプレイヤー」を目指すことにした。

そのために、①輸入車販売台数ナンバー1に　②お客様の満足度と販売店そして従業員の満足度を業界トップに　③買いたいブランドナンバー1に、の三つを目標にした。これを社内に宣言し、会社のいたるところにこの目標を掲げた。

もうひとつ大きな課題は、ＶＷといえばゴルフ、小型車、実用的で親しみやすい、といったブランドイメージが浸透している日本で、ビジネス拡大のために今後投入する上級車、高級車を違和感なくお客様に受け入れてもらう必要があった。そのために、旧来のブランドイメージをより大きく広げる形で、「革新的」で「若々しく」、「個性的」なイメージ項目に強いブランドに変革していこうと考えた。

早速ドイツに飛び、役員会でピエヒ会長をはじめとする100人ほどの日本におけるフォルクスワーゲンブランドの変革の必要性を説き、印刷媒体を中心としたブランドキャンペーンを提案した。当面クルマを一台でも多く売

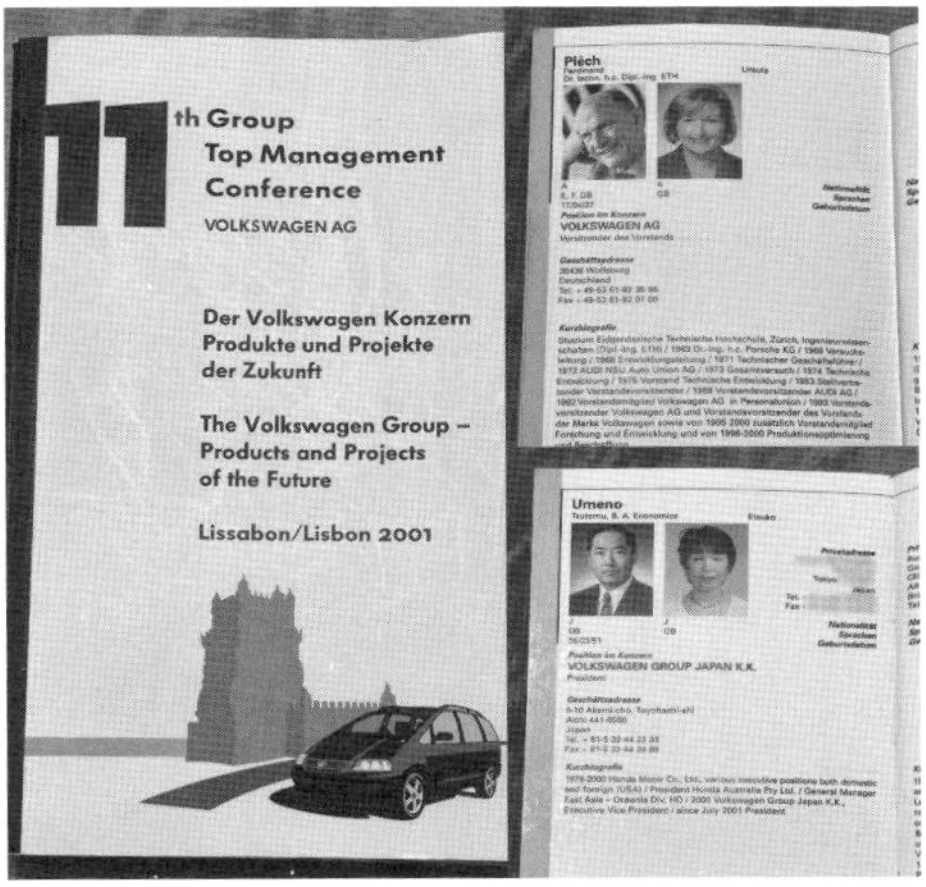

the Group Top Management Conferenceの名簿
当時8ブランド60万人の社員を擁したＶＷグループのピエヒ会長をはじめとする100人ほどの最高経営メンバー兼20人ほどの戦略決定メンバーに任命された（2001年）

ブランドイメージの拡大を狙った60億円の予算で展開したブランドキャンペーン　新聞全面広告でフォルクスワーゲン社の取り組みとその思いを等身大で伝えた（2001年）

ることには寄与しないと前置きしつつ、六十億円をかけようというその提案は、ピエヒ会長はじめ日本に大きな期待を寄せるトップ達の強い支持をもって了解された。結果として二年間にわたったこのキャンペーンは、大きな話題を呼び、輸入車といえば想起されるマインドシェアは倍増し、その後投入した八気筒のパサートやその後の八気筒、十二気筒のトゥアレグ等の成功につながり、輸入車ナンバー1ブランドの地位を十数年にわたって毎年安定的に確保していく基盤となった。

販売網の整備も大きな課題だった。二代目、三代目となる国産メーカーの販売店オーナーとは、輸入車の販売店オーナーは違う。中古車業者や異業種からの参入組が多く、現場感覚に鋭く、商売の権利義務に厳しい方が多かった。

我々インポーターとの間で過去に大きな軋轢を生じた

こともあり、まず私への信任をとりつける必要があった。現場に足を運び、とにかく販売店オーナーの声を聴く対面での議論の場をできる限り多く持った。一年近くかかったが、「梅野は思いのほか現場のことがわかっており、訳もわからず本社の言いなりになって無茶苦茶なことをするような人物ではないようだ」というレベルの信任は得られたようだった。

二〇〇一年七月に正式に社長に就任すると間もなく、ピエヒ会長からＶＷグループ最高経営幹部会議への招待状が届いた。夫婦同伴での参加で、招待者の数は約百名。八つのブランドを擁する本社グループの最高幹部メンバーとして受け入れられたのだった。本社の役員からは「ウェルカム・トゥ・ザ・クラブ！」とのメッセージが届いた。

第27回　JAIA理事長就任……組合は日本の顧客と社会の為に

二〇〇〇年から数年間のフォルクスワーゲングループの日本でのビジネスは波に乗っていた。

パサート、トゥアレグ、ニューゴルフなどの投入により輸入車販売台数一位の座を不動のものにしつつあったVWをはじめ、グループのアウディ、ロールスロイス・ベントレー、ランボルギーニも絶好調だった。

ドイツ本社内での日本の存在感もかつてなく高まり、ピエヒ会長も会うたびに満面の笑みで接してくれて、自動車談義は尽きることがなかった。彼は日本文化をこよなく愛し、日本の自動車産業にも深い敬意を持っていた。特筆すべきは、年に一、二度、ピエヒ会長が主要役員と研究所の幹部多数を引き連れて、自社と日本のライバル車を日本の公道で試乗するイベントだ。早朝から半日かけてドイツ人幹部たちが（私も）軽自動車を含む試乗車二十台ほどを連ねて首都圏を走り回る。次々に運転を交代して用意した全てのクルマを試乗するのだ。そして試乗後は和食の弁当を食べながら全体会議を開いて試乗印象を交換整理する。更にテーマ毎にＶＷの車種別、担当部門別の課題を確認して対策とその実行スケジュールを決める。ホンダの三現主義も霞むほどの現場現物主義に基づく効率的でスピード感溢れるイベントだった。ピエヒ氏が日本を如何に重要なマーケットとして、また日本車を敬意を込めてライバルと見做していたかの証左だ。

やがて、目指していたＪＤパワー社の調査によるＶＷブランドのお客様満足度日本一を達成し、販売網の収益率も業界トップに並んだ。

するとと日産のカルロス・ゴーン社長から賛辞を頂戴し、ついては取材チームを派遣するからＣＳ向上の秘訣を学ばせて欲しいと言われた。直資販売店で取材を受け入れると、そのレポートは日産の社内報で連載された。その後のことは別として、ゴーン氏の率直さと、スピード感には感心した。

二〇〇五年、畏敬する輸入車業界の父、梁瀬次郎さんが長い間トップを務めてこられた日本自動車輸入組合（以下ＪＡＩＡ）の理事長に就任した。私は五十四歳になっていた。

梁瀬さん時代と違って海外メーカーの現地法人が主なメンバーとなっている組合員は、往々にして本国、そして本社の都合を判断基準とすることが多かった。就任早々、私は

「組合は日本の顧客と社会のために活動する。本国の本社や政府、業界団体、また翻って日本の当局を代弁するものではない」と組合の存在意義とスタンスを明快に示した。

大半を占めていた外国人社長達から当初は抵抗もあった。しかしメルセデス・ベンツ日本のハンス・テンペル社長はじめ、「お客様のためになることこそ、我々のビジネスの拡大につながる」と次々と組合員から理解を得られ、日本の慣行や当局に対する批判には、是々非々で臨むことができた。

この頃まで欧米の政府が「日本市場の閉鎖性・外国企業への差別と不公平」を非難して日本政府に圧力をかけることが常態化していた。その内容についてＪＡＩＡではオープンかつ丁寧な議論と調査をして、多くの場合にあった誤解を解き、相互主義による解決策などを促した。結果として、偏見や誤解に基づく情報の本国への発信元だった欧米の在日商工会議所などで、公正な理解を促進することができたのだ。

その後幾度かの欧米各国首脳の日本訪問に先立ち外国政府・大使館から求められた欧米の在日商工会議所宛てのアンケートでは、「自動車市場、業界では特に問題にすべき差別や不公平な制度、法令、慣行は存在しない」と報告されるようになったことが確認できた。

後年米国大統領となったドナルド・トランプ氏が選挙期間中に恐らく先入観に基づいて

2004年に発売された当時、世界で最も先進的な小型車といわれたGolf Ⅴ
（写真はGolf GTI）

日本輸入車業界の父　梁瀬次郎さんは畏敬する先輩だった。梁瀬さんの
葬儀で弔辞を捧げさせていただいた（2008年）

日本市場の閉鎖性を非難するようになるまでこうした状況が続いたことは、大きな成果だったと考えている。

また、燃費基準と税制、とりわけ優遇税制の導入については、諸外国の例を参考に積極的に日本政府に政策提言をさせてもらい、早期の導入に結びつけられたこともＪＡＩＡの活動が大いに寄与したものだ。

ある時、軽自動車メーカーの雄であるスズキの鈴木修社長に内々でお会いしたことがあった。側面衝突の安全対応で限界のある既存の軽自動車基準を拡大するよう、一緒に当局に提案しましょうと私が持ちかけたのだ。世界のコンパクトカー市場に、抜群のコスト競争力を誇る軽自動車が参入できることになり、一方で外国メーカーのコンパクトカーも軽基準に適合しやすく、日本市場に参入できる。双方に「ウィン・ウィン」の素晴らしい提案だと信じていた。しかし鈴木さんはこれに首を縦にふることはなかった。逆に現在の軽自動車の枠とビジネスこそスズキが守るべきものなのだとお叱りを受けた。日本の軽自動車が世界に羽ばたく機会を失ったと私は感じた。今でも残念な思い出である。

第28回　現役卒業と社外取締役……楽しくプロフェッショナルに

ＶＧＪ社長七年目の二〇〇七年、ＶＷグループは世界販売台数六百二十万台で新記録を作り、日本市場でも気を吐いた。私の六十歳で迎える契約満了まであと三年ほどあった。しかし日本市場全体の停滞と海外市場の好景気による拡大によって、世界の中での日本市場の存在感は相対的に薄れていた。その後ディーゼルスキャンダルで失脚するマーティン・ウィンターコーン会長にそれまでのような日本ビジネスに対する理解や敬意が感じられなくなった。

失望した私は、そろそろ後継の社長候補を探してサクセッションプランを策定しようと本社に提案した。すると数か月を待たずに日本語のできるギリシャ人の後任候補ではどうだと言ってきた。そのアクションの速さにあきれはしたものの、自分が言い出したことだからと彼を副社長として迎え入れた。

二〇〇八年二月に私は社長を彼に譲り会長に就いた。同年六月には日本自動車輸入組合

富士スピードウェイでVW Golf R32でタイムトライアルに挑戦（2007年）

理事長の職も、日本のビジネスに公正な理解と敬意を持ってくれていたメルセデス・ベンツ日本社長のハンス・テンペル氏に後任をお願いして交代した。

そして業務執行に口を出さない立場で長く会社に居ては迷惑だろうと感じたので、二〇〇八年一杯で九年近くお世話になったフォルクスワーゲンに別れを告げ、三十二年余りの自動車屋生活を終えた。在任中、VGJの社員には、「①お客様の立場に立ち ②良好なコミュニケーションに支えられたチームワークで ③スピード感を持って」、そして何より「楽しく、プロフェッショナルに」仕事をしてもらうようにお願いし続けた。

彼らの努力に支えられて、在任中九年連続の輸入車業界ナンバー1の販売台数、ブランド認知度の大幅向上、国産を含む業界でのお客様満足度、販売網の収益率など、数々の業界ベンチマークを残すことができた。自動車屋として自らのホームマーケットを預かった身としては、本望であり、何より「楽しかった」。

退任早々の二〇〇九年、昔懐かしいロスアンゼルスの海辺のアパートメントホテルで骨休めと称して半年ほどのんびり過ごした。さて次の仕事を始めようとしたら、半年前には豊富にあった仕事のお誘いが、リーマンショック後の不況で雲散霧消していた。

そんな折、VW時代にご縁があった広告代理店CEOだった越野民雄氏が、英国の広告代理店M&Cサーチの日本支社を旗揚げするから手伝わないかと誘ってくれた。旧前から尊敬していた代理店で大好きな広告宣伝の仕事なので二つ返事で引き受けて、七年間にわたりパートナーとして多くの楽しい経験ができた。自らトップ営業して獲得したポーラ化粧品やホンダバイクの仕事では、若く輝く才能に溢れたクリエイター達が制作した素敵な作品群を残すことができたのも秘かな喜びだ。またホンダの秘書時代から懇意にさせていただいていた横浜国立大学の柴田裕通名誉教授のご紹介で、三井金属鉱業が自動車部品事業をスピンアウトさせて発足した三井金属アクトというドアラッチ

11年目を迎える現在の愛車Volkswagen CC
VWブランドのトップだったベルンハルト博士に呼ばれて開発にかかわった思い出のクルマ

を専門とするグローバルな部品会社の社外取締役を拝命した。

二〇一〇年の創立時から九年間にわたり、部品メーカーの立場から自動車産業とつながっていられたことも誠に貴重で楽しい経験だった。現在もそれぞれ友人の紹介で、株式会社シモジマという包装資材を扱う老舗企業と、自動車やエレクトロニクス、医療分野の精密成型部品を生産販売する名古屋の日邦産業株式会社という上場企業二社の社外取締役を務めさせていただいている。元経営者の端くれとして学びも多く、とても光栄に感じている。

また二〇二一年からは私のメンターであった瀬川和汪叔父の息子であり従弟である瀬川岳則が経営する会社の非常勤取締役も務めている。私が大学卒業時に叔父に頼み込んで就職した当時の会社名「スパンロ・ファー・イースト」にちなんで「スパンロ・アンド・サン」と名づけられた会社である。六十代で亡くなった叔父の恩に報いられるよう願っている。

ビジネスではないが、菩提寺としてご縁をいただいている文京区小石川にある徳川家ゆかりの名刹、傳通院（無量山傳通院寿経寺）の世話人を務めて十数年になる。年五回ある大法要をはじめ多くのイベントにも参加し、日本の地域社会・文化を支えてきた仏教寺院の活動とその役割にあらためて目を開かれて感銘を受けている。

また二〇二二年には傳通院と強い絆で結ばれている百三十年の歴史を誇る学校法人淑徳学園の評議員を拝命した。次世代を担う若い世代の教育のあり方を学ばせてもらいながら、私の拙い知見が微力ながら何らかのお役に立つよう努力していく所存だ。

おかげ様で、七十代になっても今のところこうした仕事と活動のあれこれで人々と接する機会を保ちつつ、適度に身体と頭を使う日々が続いている。「プロフェッショナルに」とまでいかないまでも、「老害」にならぬよう気をつけながら、ご縁をいただいた皆様と「楽しく」チャレンジを続けていきたい。

第29回　趣味は人生のスウィーツ……刀と向き合って日本を知る

「ダイナミックでエレガント、とても良いわ〜」とスキーの滑りを褒められた。一九六〇年代に黄金期を迎えていたオーストリア・アルペンスキー・ナショナルチームに所属した元オーストリア代表のスキー選手で、千年続く貴族の令嬢でもあったクリスティーナ・フォン・ディットフルト氏の白馬八方尾根での嬉しいコメントは今でも忘れない。

クリスティーナとは彼女の移住先の豪州で知り合った。来日時には必ず食事やスキー行にご一緒させていただいている憧れの大先輩、素敵でゴージャスなかけがえのないスキー仲間だ。

青空の下、輝く白銀の山々を背景に粉雪を蹴って広大な斜面を滑り降りていく。ひたすら爽快なスキーは、至福の時間を与えてくれる特別なスポーツだ。進化した魔法の板に乗り、時に時速百キロを超えるスピードで冷たい空気を切り裂くように疾走する快感は何ものにも代えがたい。

私のスキー歴は叔父に連れられ単板スキーと竹のストックで滑った六十年以上前からだ。クリスティーナがとりもってくれたHEAD社とVWのコラボレーションイベントで日本代表デモ選手達からカービングスキーの滑りを指導してもらい、改めてスキーの虜になった。二十年ほど前のことだ。子供の頃からなじみの白馬八方尾根を自分の冬の基地として、現役時代でもシーズンに六、七回、今は回数が同じでも計三十日以上雪の上で過ごしている。

スキーの縁でつながる新しい友人達や半世紀を超えて集う中学時代の仲間達との毎年のリユニオンスキーなど、人生後半の大きな楽しみで、今は自分の生涯スポーツと位置付けて雪山に通っている。七十歳代は先シーズン初めて出場し完走した日本一の草レース、白馬八方尾根リーゼンスラローム大会（コース長二・五キロ、標高差六百五十メートル）に毎年チャレンジし続けようと思っている。

私にはもう一つ生涯の趣味がある。日本刀の鑑賞だ。音を立てぬよう、スルリと鞘から刀身を抜く。優美な曲線を描く刀の姿と、照明の反射光が照らし出す個性豊かな刃紋、そして肌理細かな鉄の肌の美を味わう。どんなに忙しくても何十年と続けてきた日課だ。幼い頃から真剣を見たり触れたりすると、得も言われぬ高揚感に満たされた。

その重さとともにある存在感と緊張感、凜とした美しさと底知れない力に魅了されるのである。祖父が大事にしていた刀を、五歳の節句の折、「大人になったらお前のものにしてやる」と言われてワクワクしたことも記憶にある。高校生の頃に大河ドラマで主人公が愛刀を愛でるシーンがあると、既に自分のものと心得ていた祖父の刀を引っ張りだし、眺めたり素振りをしたものだった。

刀の研ぎを実践（撮影用のポーズだけです）

長じては、ガラス越しに拝見して全身鳥肌立つほど感動した永青文庫所有の国宝「生駒光忠」、そして国立博物館の国宝「城和泉守正宗」が自分の刀剣趣味の原点となった。私が初めて刀を購入したのは三十代半ば、幼い子供達を抱えて余裕のない時に清水の舞台から飛び降りる気持ちで一回のボーナスを超える対価を払ってのことだった。

それ以来多くの刀剣の購入と下取りで手

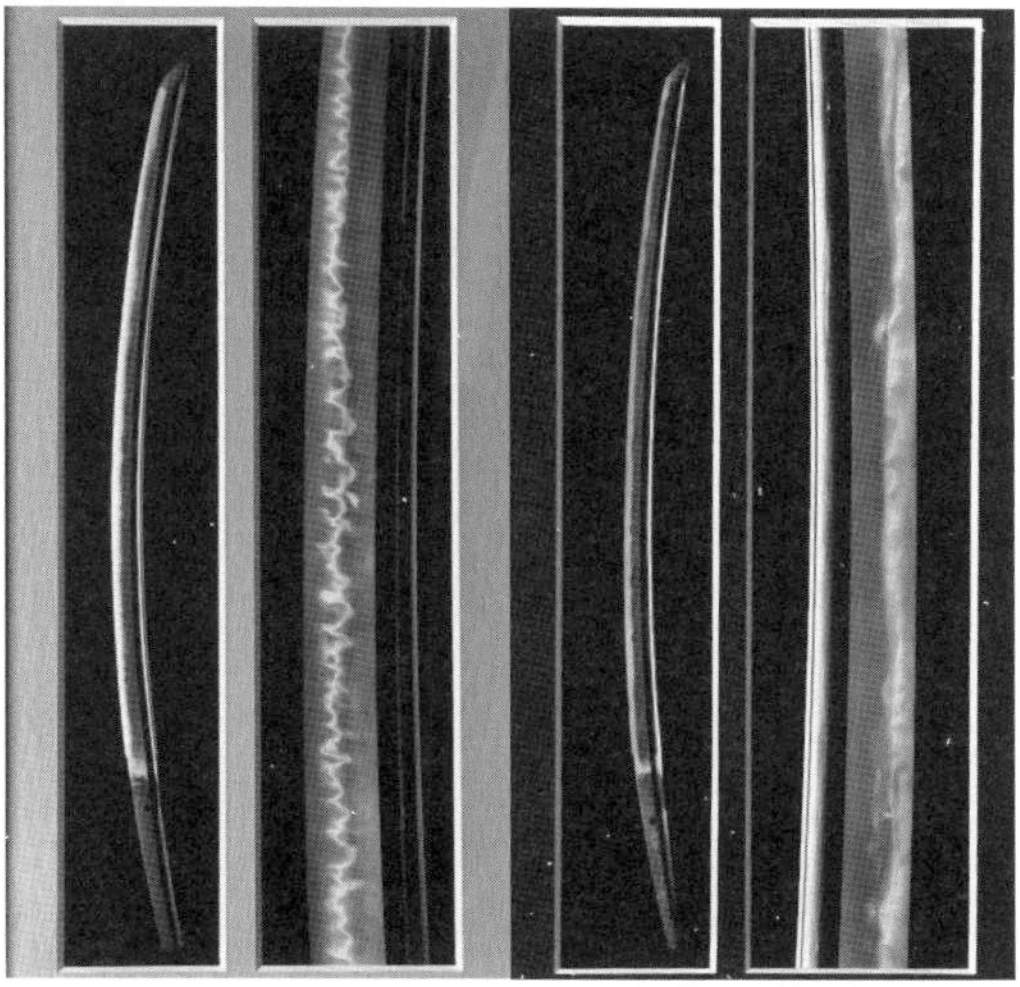

一時所有していた光忠と正宗の名刀（撮影：藤代興里氏）

放すことを繰り返し、幾百振りの刀の所有を経て、今は数十振り手元に残っている。一時期は刀を持つために働いてきたのだと自分に言い聞かせて、憧れの「光忠」と「正宗」の国の指定文化財を所有したこともある。

　本来武器である刀を、日本人は自らと家を守るものとして、武士道の精神性の象徴として、また鑑賞、愛玩するものとして格別大事に伝えてきた。日本刀と真摯に向き合うことは、世界の中で日本人であることの意味は何かを問い続けることにつながると私は信じている。私の所蔵刀も刀の歴史の中ではほんの一時の預かりものだ。貴重な文化遺産を次の世代の日本人に大切に伝えていくことが私のこれからの宿題である。

　趣味とまでは言えないが、そのほかにも齧ってきたことがある。

1000年続くオーストリアの元男爵家の令嬢で、オーストリア・アルペンスキー・ナショナルチームで活躍したクリスティーナ・フォン・ディットフルトさんは大の仲良しスキー仲間　(2019年志賀高原で)

学生時代に映画『イージー・ライダー』に憧れて乗り始めたバイクもその一つだ。学生時代のヤマハRX350を皮切りに、ホンダに入社してからは会社の大型バイクCB750などを借り出しては楽しんだ。その後すっかりご無沙汰していたが、還暦を過ぎて広告代理店の仕事でホンダの二輪販売部門と縁がつながった。旧知の役員との付き合いもあり、ホンダのバイクCB1100を購入するつもりでショールームを訪れた。足つき性に不安があったので購入に二の足を踏んで、その帰り道にふらりと寄ったのがハーレーダビッドソンの店だった。是非と言われて都内を試乗して店に戻ると、「お客さん、出発の時と表情が別人のようですね」と言われた。満面の笑みを浮かべていたらしい。その場で購入の契約をして帰宅したのだった。ソロかごく少人数で走ることが好きだった私は、よく目撃した集団で走るハーレー乗りには抵抗があった。しかしそれを打ち砕いたのがオーナークラブの先輩の一言で「梅野さん、大勢のツーリングで走ると見える景色が違ってきますよ」というものだった。

初回のツーリングで彼の言葉が正しかったことを確認できた。バイクの性能を確かめずにはいられないような乗り方になってしまう高性能な国産バイクと違って、どんな低速であってもその走りを楽しめた。まわりの自然と一体になれるリズムを感じながら走る経験はとても新鮮だった。爾来仲間との集団ツーリングも楽しんできた。クルマとは一味も二味も違う、人車一体感を味わいながら風をきって走る爽快さはスキーにも通じる特別なものだ（現在は雪上での怪我などでバイク乗りは休止中）。

そしてもう一つあげるとすれば、素潜りだ。

小学生の頃からテレビ番組で見るマリンダイビングの世界に憧れた。アクアラングをつけてのダイビングは子供には遠い世界のことだったが、毎年夏には必ず磯で遊び、海辺で売っているシンプルな水中メガネとヤスを持って魚を突く楽しみを覚えた。

社会に出て、支度が大掛かりなスクーバダイビングへの興味は薄れてしまったものの、素潜りの道具は少々性能の良いものを揃えて同好の友人を見つけては伊豆や千葉の海での素潜り、魚突きを楽しんできた。突いた魚をバーベキューで食す楽しみも捨て難い。フィリピン、グアム、ハワイ、オーストラリア、タヒチなどの海での潜りも楽しんできた。しかし近年は一緒に潜りに行く友人がほとんどいなくなってしまったことが何より寂しい。また海水温の上昇のせいか日本の海辺の環境悪化、生態系の激変ぶりにも胸を痛めている。とりあえず今は孫達に磯遊びの楽しさを伝授しようと機会を見つけては頑張っている。

一方ゴルフやテニスは若いうちから嗜みはしたものの、こちらがその気になってもスポーツのほうが自分のことを好いてくれない片思いが続き、最近はとんとご無沙汰だ。

第30回　自ら計らわず……誇り高き日本と日本人であれ

官僚になって国のために働くという夢が破れて、将来何をしたいのかわからないまま社会に飛び出した私であったが、期せずして国際ビジネスの世界で、国内外の立志伝中の人物達の謦咳に接しながら仕事をすることができた。

また米国や豪州、そして日本で、知る人ぞ知る足跡を残せたという自負もある。誠に幸運なビジネス人生だった。そこで学んだことは何だったのだろうと問うことがある。一つは、本田宗一郎氏やピエヒ氏はじめ巨人たちに共通している特質で、自らと企業の存在意義を社会に問う強い思いと、その思いの実現にかける情熱と執念だった。

それが細部へのこだわりになり、こだわりが違いを生む。その違いが顧客や社会にとってユニークな価値になり、その価値が差別化されたブランドを作る。顧客や社会がそのブランド価値を認めて対価を払うことで八方幸せになるという図式が見えてくる。

どんなに成功している企業でも根底にある創業者や経営者の思い次第で、愛されるブランド、今流のＥＳＧ（Environment, Social, Governance）の観点で尊敬されるブランドになるか、やがて人々に見捨てられるブランドになるのかが分かれると思う。

もう一つの学びは世界の中での日本と日本人のあり方だ。世界は各国様々な価値基準を持ち、自らの国益のためにはなりふり構わない。スポーツのルールや自動車の環境・安全基準など、大義もある一方で自国勢に有利なように誘導するなどは朝飯前だし、歴史問題では欧州人は「勝者が歴史を書く」と言ってはばからない。日本人はこうした世界の現実を正しく認識して、日本を取り巻く課題への対処方策を練っていかなければならない。

自然と共生する本来の文化を基本にしつつ、多様な文化を受け入れ融合させて独自の発展を遂げてきた日本の歴史は世界に誇れるものだ。そうした日本人だからこそできる発想をもって人類史的課題への対処の道筋を発信、先導していくことが日本の果たすべき役割ではないか。国際社会から尊敬され、日本の国益にもつながる道だと考える。

個人レベルでも、真に世界で戦える国際人になるためには、日本の文化と伝統に精通し、自らのアイデンティティと使命に目覚めた日本人であることが何より必要なことだと気づくに至った。

古希までの人生を振り返ってみると楽しいことばかり思いだす。辛いことや嫌な思いをしたことも多々あったはずなのだが、そうした思い出は不思議と浮かばない。山やスキーで、また学生運動などで若いうちに命や社会的生命、そして子供の命がかかった場面を経験してきたからだろうか、その後の職業人生や人間関係において大概のことがあっても気落ちしたり動揺したりすることはなかった。

出来事全て有難く受け入れる気持ちで生きてきた気がする。自分の夢のために歯を食い

息子・娘の家族と（2020年）

スキーは最高の生涯スポーツ、フリー滑走と大回転レースの練習（志賀高原・2022年）

しばって頑張ってきたわけではない。与えられたチャンスに素直に向き合い、ベストを尽くせばなるようになると諦念した境地で、肩の力を抜いて生きてきた。広田弘毅元総理の座右の銘「自ら計らわず」を心がけた。自分のために人の足を引っ張るようなことを決してしてこなかったことだけは密かに胸を張れる。

これからの世界で、日本人が誇り高く生きていけるよう祈りつつ、温かく私を支えてきてくれた家族と素敵な縁でつながった友人達を大切に、残りの人生をともに楽しく過ごしていきたい。

あとがき

お気づきの方も多いと思いますが、この原稿は日経新聞に連載されているコラムである「私の履歴書」の体裁に準じています。

二〇二一年コロナ禍が続く中で古希を迎えた私は、偶然「日経編集員が指導する『私の履歴書』を執筆しませんか」という講座の広告を見つけました。そこで蘇ったのが悔しい思い出です。

六十歳手前で現役を引退し、カリフォルニアの海辺のアパートで骨休めの日々を送っていた時のことです。日経新聞の記者から連絡があり、「某コラムに寄稿しないか」、とのことでした。二つ返事で引き受けて原稿を書いて送ったところ、内容については特段のコメントはなく、「文章はあとで適当に摘まむから、もう少し詳しく書くように」等のやり取りがあり、掲載を楽しみに待っていたのです。

しかし、記者からの連絡はなく、私の原稿が掲載されることはありませんでした。テーマが悪かったのか、内容が面白くなかったのか、文章が酷かったのか、その全てなのか。没になった理由はわかりません。

そんな経験から「人に読んでもらえる文章の書き方を学びたい」との衝動を抑えられずに受講を決めたのでした。また、私はカーガイを自認しています。エンスーと呼ばれる人達の「熱狂」とは異なり、自動車ビジネスに対する静かな「情熱」では人に負けなかったと思っています。古希を迎えた自分が、こうした機会を利用して子や孫に残せる自分史を書こうと思いたったのはそんな理由からでもありました。

日経新聞連載の形式に則り数か月かけて原稿を書き上げましたが、もちろん本紙への掲載の話があるわけもなく、二〇二二年が明けスキーシーズンに突入したこともあってそのままになっていました。半年後、書き溜めっぱなしの原稿に気づき、ふと思いついて出版社に勤める旧知の市村まやさんに相談しました。

「梅野さんの名刺がわりに著書があると良いものですよ」との殺し文句は良く効き、彼女の尽力とサポートがあって今般の出版にこぎつけることができました。まずは私の背中を押してくれた市村さんに心から感謝申し上げます。

思えば誠に変化に富んだ激動の時代を生きてきたものです。先進国に追いつき追い越せの掛け声のもと、世界のＧＤＰの二割近くを占める経済大国になった日本。ビジネスの最前線でも大きな達成感を味わえました。そしてその後は長い低迷の歴史を経験して、特に外資にいた私は日本の存在感の大幅な低下を実感できました。圧倒的な円安の進行で日本の相対的国富はやはりピーク時の四分の一になり随分と貧しい国になってしまいました。

しかし日本刀に象徴される日本の伝統文化、社会のあり様はユニークで、世界の中で特別な価値を持っています。人口動態からみてかつてのように規模の上での地位を回復することはないでしょう。でも、世界がうらやむ文化と、自然と人間の共生を規範とした社会経済を持つ珠玉のように輝き続ける国にはなれると信じています。

これからの日本人の真摯な学び、世界の中で戦う情熱。理想を追ってチャレンジする行動力に大いに期待しています。

振り返ってみると、人生は先人からの学びと、家族・親戚・友人・先輩・同僚・後輩達との絆に支えられて成り立っているのだとつくづく感じます。あらためて私がご縁をいただいた方々の温かいご支援、友情、ご教導に心より感謝申し上げます。

とりわけ半世紀を超える親交を結んでくれた親友たちとの友情は一生の宝です。

片岡一則君、田中克司君、福岡博重君、杉田徳治君、田村英丸君、池尻雄二君、阿部健

君、船越桃代さん、鈴木敏行君、吉田仁君、ケントン・キング君、本当に有難う。
最後に、笑顔と叱咤で楽観的に私を支えてきてくれた妻の悦子、そして身体のハンディをものともせず社会に出てからも二児の父として明るく頑張っている息子の圭太郎、なにかにつけ二番手のケアに甘んじて育つも、仕事と育児に奮闘している娘の真紀子には、この本を通じて心からの感謝の気持ちを伝え、エールを送りたいと思います。

梅野 勉

二〇二三年一月

本書は、日経アートアカデミアの講座「私の履歴書」で執筆した連続コラムをもとに、加筆・修正したものです。

梅野　勉（うめの　つとむ）

1951年東京生まれ。1974年慶應義塾大学経済学部卒業。叔父の経営するSpanro Far East を経て1976年本田技研工業（株）に入社。アメリカホンダ四輪マネージャー、社長会長秘書役、四輪開発LPL、ホンダ・オーストラリア社長、東アジア大洋州部長などを歴任。2000年フォルクスワーゲングループに入社。2001年独Volkswagen AG グループ最高経営メンバー、フォルクスワーゲングループジャパン社長就任、2008年会長就任そして退任。その間日本自動車輸入組合（JAIA）理事長を務める。

2009年からM&C SAATCHIのマネジングパートナー、三井金属アクト（株）の取締役を経て、現在（株）シモジマ、日邦産業（株）、（株）Spanro and Son各社の取締役を務めている。

クルマと雪《ゆき》と日本刀《にほんとう》
私《わたし》の履歴書《りれきしょ》

著者
梅野《うめの》 勉《つとむ》

発行日
2023年3月30日

発行　株式会社新潮社 図書編集室
発売　株式会社新潮社
〒162-8711 東京都新宿区矢来町71
電話 03-3266-7124（図書編集室）

組版　森杉昌之
印刷所　錦明印刷株式会社
製本所　加藤製本株式会社

ISBN978-4-10-910244-5 C0095
価格はカバーに表示してあります。